當愛來臨時
我與我的貓老師

The Cat's Reincarnation:
Transformative Encounters with Animals

推薦序

台灣動物溝通關懷協會理事長——黃孟寅

本於歐美地區盛行的動物溝通（寵物溝通），近年於亞洲快速盛行開來。我們寶島台灣也在二〇一八年時，經內政部核准成立第一個動物溝通正式NGO組織「台灣動物溝通關懷協會」。身為協會一員，我們有很多機會與世界各地的動物溝通專家一起交流，也要感謝世界各單位的彼此信任，我們一起加入並開創了正式的聯合認證系統。雖然台灣的動物溝通領域正剛開始蓬勃起飛，但多數缺少了嚴謹且正式的檢定考核機制，且台灣的動物溝通領域相較於歐美非國家，富有更多靈性、身心靈與宗教性色彩。反觀歐美地區，動物溝通此類的超感知覺研究者背景，反而多數是心理學家、物理學家……為主。

目前台灣的動物溝通師或課程，多偏向呼請靈性智慧的靈性派溝通，反而純科學性的動物溝通課程是少數，但溝通的真諦是不區分派別的，任何動物溝通方式都有其長處，只要是精準且能協助飼主、能促進飼寵親密關係的都是好方式，因為動物溝通本就是一份帶著愛、包容與接納的專業。

源至心理領域「行為學派」的動物行為學，其目的是為了讓動物（或人類）能做出或達到他人期待的樣子，就像是學校的訓導處，透過訓練方式促進行為的改變；然而動物溝通的目的則是要深深的理解動物的內心世界，以及那些內心無法道出口的話，如同學校的輔導室一樣存在。「輔導」需要的正是一份無條件的接納與關愛。而知名的動物溝通師 Dr. Moore，正是一位充滿著包容、愛與接納的動物溝通師。

本書作者 Dr. Moore 出版過非常多膾炙人口的書籍，她早期也是一名心理治療學者，除了專精催眠等潛意識療法外，也是心理藝術治療、伴侶心理治療的專家。在本書中，儘管 Dr. Moore 並非以心理學或純科學的動物溝通角度出發，反而與協會以外的多數動物溝通課程取向相似，帶著對動物、大自然的關懷與愛的信念，敘說動物給予自己內在靈性的成長與啟發，字裡行間更流露出多年來與動物一起生活非常深厚的情感。

如果您是一名對於內在靈性世界好奇的朋友，您可以在書裡看見浩瀚的世界面貌；如果您是一位信仰科學的虔誠者，您可以用輕鬆的心，像閱讀小說般的好好去迎接，原來這世界有如此不同的聲音，不同的寬廣與視野。是的！這世界有這麼一些人是為了動物而生，生來為動物而活的；這世界更有一群人就像藝術家一樣，純然的跟隨著自己的內心，跟隨內在自然的直覺而活著，或許那正是我們該學習的，學著單純的生活，就像最純淨、天然，天生靈性的動物們一樣。

真正最寬厚的是這個世界，允許了各種光明、還有黑暗，更孕育了萬千的生命與愛，祝福所有閱讀此書的您，也祝福總是充滿愛的 Dr. Moore，願更多人喜愛動物的美好，體會生命的喜悅。

推薦序

海豚、鯨魚和海洋動物基金會「喬喬海豚計劃」執行主任——迪恩．伯納（Dean Bernal）

令人震撼卻又真實的是，在某些特定歷史時代中，有些社會誤以為女人比男人更沒有價值、有色人種比白人低等、小孩劣於成人。現今，許多社會仍然相信動物比人類更不值得受到榮耀和尊重；許多人依舊認為動物的智能比不上人類。當我們不了解動物的語言或文化時，他們的智慧經常被忽略。

蘿莉．摩爾博士的書著重於動物想傳授給人類的寶貴智慧，她也提出觀點，認為動物向來是在有意識之下，以巧妙的方式愛著。這本書充滿個人經驗，且能觸動我們每個人的心。在她述說故事的過程中，也將自己視為一位持續學習的學生。博士相信她所看見的、感受的、聽到的，但並不把這些像是教條一般加諸在任何人身上。她傳達自己的心是如何被鳥、貓科動物、犬類、鯨魚、海豚、蛾、蜥蜴、樹木、花朵，和其他與我們共享這個星球的眾生所感動。她相信動物是領先於人類的優秀永續主義者。

博士與傑西．賈斯丁．喬伊這個轉世的靈魂貓伴侶，他們強而有力的經歷對博士來說，是一個生命的轉捩點。傑西將蘿莉帶向一個旅程，那是永恆的、形體不被分離的空間意識，在那裡她發現個體永恆存在，保存了轉瞬即逝的感受、思想和際遇的現實。

蘿莉博士對貓同伴的愛，讓她打開一扇門，回到了兒時純真狀態。由此她能聽見、看見和感受到一個無條件與充滿暖意世界中的所有元素，然而對於這樣一個世界，動物知道那就是生命。藉由進入這個模式，她就能輕易地與任何種類的動物和昆蟲交談。讀者有機會透過蘿莉博士分享的經驗，去發掘自己的旅程。她輕柔地提醒我們去找到自己聽見、感受和看見與動物溝通的能力。和人類一樣，每個動物個體都有著獨特的個性，只要有機會，動物會分享他或她的感覺。蘿莉博士深入傾聽動物的內心，尊重他們的聲音，她寫這本書即是為了成為特定動物老師們的傳訊者。

此書被賦予覺醒的意識，蘿莉博士將自己所學，化作實際又充滿情感的人類世界中的一張地圖。身為一位治療師，利用廣泛的背景結合多年在靈性道路上的學習，蘿莉博士給予我們一種生活方式：如實表達無條件的愛。

蘿莉博士將分享她的故事當作給你的鼓勵，她相信每個人都能找到自己內在最重要的夢想之心，並且以充滿藝術的方式在這個世界中加入自我的獨特性。她將灌溉靈魂良善種子所需的滋養，帶入我們的生命中。博士將動物們歸功為本書的共同作者，特別是她的貓朋友和老師——傑西．賈斯丁．喬伊，那麼，就享受和他們一起的旅程吧！[1]

---

1 請注意：為了保護隱私或強調的訊息，書中有些名字、可辨識的細節或順序有被更改過。

譯者序

第一次見到蘿莉老師是在二〇一九年春天，她來台灣教授動物溝通師資班，我是學員，也是她課堂上的口譯員。那幾天的相處，我不斷感受到蘿莉老師散發出的溫暖。她外表樸實，臉上經常帶著微笑，對於在台北市接觸的人事物充滿好奇；台北人和善的面孔、有禮的互動，甚至連飯店廁所的免治馬桶會噴水，也讓她感到又驚又喜。當她得知台灣的總統是女性，社會正在推動同性婚姻平權，以及台灣健全便利的醫療系統、民眾習以為常的資源回收等，都使她深受感動。

課前我們在大安森林公園附近的蔬食小館吃飯，聽蘿莉老師說她動物溝通不可思議的經驗，和各種動物帶給她的靈性啟發。她認為我們來到地球上就是為了體驗愛、成為愛，而動物們能幫助我們加深這些體驗，更接近我們的本源。老師更鼓勵人們打破二元對立，選擇喜悅的心，並且將愛與和平的訊息傳遞到四方。

課程結束後，我隨口問老師，她在美國出的書是否曾經在其他國家出版，也許台灣的讀者會有興趣，沒想到她一口答應，對於能在美國以外的地方推出作品感到相當興奮，我便自告奮勇當翻譯。

從我翻開書的那一刻，就欲罷不能地閱讀，一頁接著一頁，沉浸在這些美麗的故事裡。與貓咪傑西相遇開啟蘿莉老師生命的轉變，傑西的轉世讓她開始信任無條件、永不止息的愛。當她進入深層冥想時，世界各地的動物以無形的方式與她相遇，並且表達生命的目的、如何活出更高層次的自己。

這本書是我翻譯書籍的初體驗，對於成果我感到相當滿意，校稿時再次細細咀嚼內文，感動的情緒依舊填滿我的心。感謝編輯黃匀薔小姐給予細心專業的修正，很幸運我們能一起合作。感謝蘿莉老師寫下這本充滿愛與智慧的書，動物的確不只是人類的好朋友，更是我們的老師，他們指引出光明美好的境界，並且耐心地陪伴我們成長。

最後，和各位分享書中的一段話：「經由學習和貓說話，我們將打開內在的覺知，我們的存在能更和諧，對於生命裡所遇到的任何事物有更敏銳的同理心，並且感受生命透過我們來創造它自己。」

劉怡德

作者序

離開我教授動物溝通課程的夏威夷大島，在回家的路上，動物熟稔的能力填滿了我的心。動物們將我的意識提升至更崇高的狀態，帶我欣喜地生活在人類世界的實際事物中，這樣的轉變深入我的細胞裡。感謝動物帶領我進入新的覺知，就連大地也呼應這美妙的感受。每一次和動物溝通都改變我、療癒我、喚醒我，並且以愛填滿我。快到家時，我明白過去十七年和動物溝通的職業經驗回應了我祈禱渴望感受完整的心。在這裡和各位分享以下九項要點：

一、種瓜得瓜，種豆得豆。動物們邀請我要明白每天都是充滿藝術的小旅行，每一刻都要去設定我心中的意圖，然後看見、感受到這些動機回到我身上，透過我出去。

二、這世界充滿許多病灶與腐敗，衝突的信念與情緒。當我注意到細胞裡和光體中任何不清澈之處，幻象會消失，我變得更輕盈、明亮。這道光穿透我的心，進入永恆旋轉的光通道，變得更清澈光明。

三、愛永遠會為了我們存在、在我們之內、是我們其中，並且被給予我們。當我們像動物那般以內心之眼來看，就會知道這是真實的。

四、當我們忘記進入無條件的愛時，要充滿同情心地原諒我們自己，如此才能再次想起無條件的愛。當我和動物說話，我再次想起要停留在心中的無條件狀態。對動物說話就如同成為合一的整體，明白光，住在人間天堂。活著的、過世的動物，包括昆蟲，都透過愛來溝通。

五、實相永遠就像是一件藝術品那樣變化多端，不斷被重新上色。然而，我們選擇去和彼此溝通就能為實相增添風味。

六、生命與他或她自己溝通。樹木、水、國家之間都會溝通交流。當我被邀請去葡萄牙演講時，在機場天上的雲讓我感覺到這國家將浪漫的高溫視為核心的現實，比其他地方更注重這。我到台灣教學，落地時，感覺到柔和的空氣對我細語。彼此尊重的態度、真誠的禮貌是人們之間標準的互動方式，讓我印象深刻。

七、如果我們有不愉快的體驗，能用更純淨的意念想著我們更想要的是什麼，來清理這些狀況，使狀況離開現實。改變意圖就改變我們身體裡的能量！

八、動物的話語充滿聰明與智慧，所有動物皆能在心裡進行心電感應，當我們練習與動物說話，我們的心便回到這種方式。

九、動物用不同的差別、語調來表達自己，肢體動作也很複雜。身為才剛開始理解動物文化的年幼人類，只摸到他們聰穎和其語言的皮毛而已。動物是我們既神祕又充滿耐心的高度聰明老師，我認為我們人類在靈性道途上只有幼兒園程度，而那些毛茸茸的、在水裡的和充滿羽毛的朋友們就在這裡引導我們。

還記得當我第一次請求動物來當老師的多年前，帶給我從頭到腳甜美的感受。在我返家途中，我請求夏威夷所有的島和所有的朋友們，幫助我將更清澈、輕盈的震動帶到我的社區。茂伊島母親說：「和我一起待在這個當下，我會協助妳。」就在同時，我已過世但尚未轉世的母親可麗帶來一片彩虹，就在我的房子上。

進到屋裡，我同時收到一封來自台灣出版社的信，編輯黃小姐邀請我為這本書寫一篇序。很顯然，動物們和生命本身希望這美麗的彩虹要被分享出去！

當我們透過心去聆聽，動物就是神聖光明和良善天使的信差。在我寫這篇序時，多明尼加樹蛙正在唱歌，我的心變得柔和，我的貓們臉上帶著微笑。我的兩隻貓是兄弟，分別叫做巴吉、巴拉，他們是貓傑西再次轉世後，以兩個身體回到這裡。上一世傑西是長者，是許多人的老師。這一世他說的第一句話是：「歐耶！我在玩樂！」當他問：「我的弟弟在哪裡？」的不久之後，弟弟一年後就出生了。

巴吉和巴拉立刻共享兄弟般的愛，第一次見到彼此時，馬上開始擁抱、親吻、窩在一起、玩在一起。他們透過玩樂來貢獻給人類的覺醒，他們也邀請各位一同這麼做，而這本書將會協助你達成。玩樂真是太神奇了！我們真心感謝所有深切關心愛、生命、人性和覺醒的人們，為此你們選擇閱讀這本書。

誠摯的愛，

貓巴吉和巴拉（兩位曾經是貓傑西），和蘿莉·摩爾博士敬上

目錄

Chapter3 愛的千言萬語

Contents 目錄

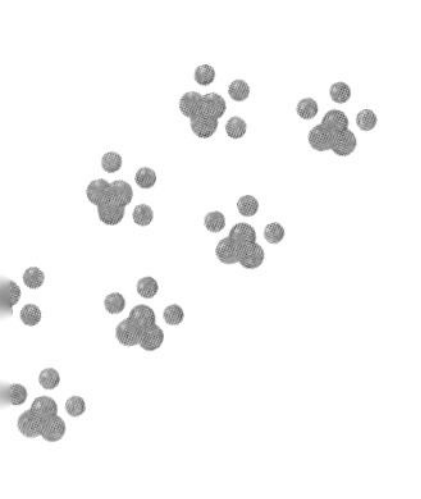

前言

二〇〇四年的夏天，我選了一個室外的冥想聖地，打算在每天無聲的靜坐之中，能與動物深深地連結。許多動物加入我，引導我。一開始，他們並沒有出現在實體世界，而是以內在精神境界的形式顯現。當我的心是信任、開放的，他們就會出現。隨著時間過去，我渴望獲得實體證明來表示動物真的有來找我，想知道自己是否真的體驗了他們的訊息，而不是我的投射。

很快地，有一隻綠色青蛙決定在我的聖地和我一起冥想。和雷一起在家附近散步的時候，一隻小蜥蜴夥伴靠近我們，我全心全意地對蜥蜴說：「我愛妳」，她向我飛跳過來，快速爬到我的背上，加入我們的散步，這個體驗深深強化了我對於神聖大地的信任。可愛的蜥蜴過來進行連結與教導，她回答我的問題，確認我收到對於溝通的信任。鄰近的狗兒們開始拜訪我，有時候準時出現在我所教的研討會，並且在結束時與其他人一起離開。有一隻山貓每天都會來拜訪我；土狼和我分享他們的生活；老鷹、烏鴉和蜂鳥變成我的朋友。

與動物們的連結

有一天下午在我冥想的地方，我感覺身體裡的細胞好像開始擴張。很快地，我發現生命是非常具有流動性的，金黃色的光改變了我身體的體驗，我發現無盡的生命調皮地流過我心中的意識。

我認出這是來幫助我的快樂海豚們，帶我敞開自己進入新的世界。他們經常帶給我很大的喜悅和笑聲，帶來神聖、逗趣又充滿歡樂的愉悅，超越我曾經認為是「快樂」的感情喜樂。他們帶我到達一種舞動的狂喜，邀請我進入一場「存在」的歡慶。任何情緒與思想都能產生純粹的歡樂。我尚未與這些家庭成員們見面，但很快地，門出乎意外地敞開了。我發現自己經常與那些想要和鯨豚類朋友們一起游泳和溝通的團體，一同旅行至夏威夷。

我摯愛的貓——傑西．賈斯汀．喬伊（JJJ），以他的愛與能力，溫柔地引導我，幫助我透過內在與所有的動物連結。我將動物們視為最高存在類型的典範，JJJ與其他動物們教導我無條件的仁慈、無條件的喜樂與無條件的愛。他們讓我看見，這條仁慈、快樂與愛的道路，是為了進入一個國度。在這個國度中，這些特質是永恆開放的，然而更是超越了任何情況可能會發展成的假設。這些特質神祕又透徹，是心所嚮往的答案。

一次又一次，我發現一個人帶著明確意圖去想像顯化出來的樣子，會導致不完美卻被珍愛的結果。當人專注在一件事物上，隨之領會到的，往往會比預期的還要更多。人們已經能理解並且落實這些真理，我也是；接著我忘了，然後做得更好；我又再度忘了，於是再次微調細節。我注意到傑西以惻隱之心對待每一個人，不論他們是記得了，還是忘記了。

我發現動物是以意圖維生的大師，他們不用錯綜複雜的念頭和心智訓練來將生命複雜化，他們的生命往往是透過「心」來運作。他們的方向是來自於由衷的目的。經過多年專注在人們身上，我確定，仍有太多事我要向動物和大自然學習。

進入鯨魚的世界中

每天晚上的探索時間，我將自己浸泡在充滿玫瑰、天竺葵、香草、檀香和琥珀香氛的浴缸裡，這些單純的香味帶給我極大的滋養，而水給我無比的安慰。在一位名叫吉娜·帕瑪（Gina Palmer）的動物溝通師建議我去傾聽鯨魚後，每當我在浴缸裡泡澡，鯨魚便會來找我，他把我帶到一個完全寧靜合一、不可言喻的狀態。

幾個月後我在夏威夷的摩洛凱島（Molokai, Hawaii），我的心智又開始懷疑這些體驗。真的是那隻鯨魚和我接觸了嗎？我對著大海說：「大鯨魚，請讓我知道我聽到的就是你。」有一隻叫做木炭美人的狗兒，在我願意進入心中創造出的天堂時，不停地來找我，當我想走時，他讓我一個人離開。現在他在我身邊，我坐著，他站在一顆石頭上，我們看著遠方。不到一分鐘，我看見有什麼龐大的東西從水裡衝出來，落下時濺起了大大的水花。過了一會兒，一個我所見過最大的尾巴在一哩之外的地方搖動了好幾分鐘。那隻鯨魚來了。

神奇的旅程繼續進行著，當我把這些經驗分享在Dolphinville.com電台時，我感覺到鯨類動物們將他們巨大又擴張的喜悅傳遞過我的身體。電台線上播出節目的前一晚，許多生命自海洋裡湧現，他們用一件以晶體做成的袍子包覆著我，告訴我穿上這件袍子能讓我感到安全，抵擋干擾的能量。生命感覺愈來愈像一個神奇的童話故事，我內心對浩瀚的神奇疆域的信任也愈來愈深。

鯨魚們給予了無限的開放和歡迎，「來到神聖擁抱之中吧，就像回到家，讓我們幫助你，我們是你的朋友。」他們如此歡迎著，邀請大家進入那大肚子的歡樂笑聲中，嬉鬧的濺水和愛的呼吸裡。海豚們幫助我帶著冒險又歡樂的心，享受這個雙重現實，他們提醒我要帶著強大的生命力和喜悅去接受我的人類生活。

那隻鯨魚住在合而為一的領域裡，當我陷入雙重意識，我便失去了那個連結。我回到那個領域裡去找那隻鯨魚，她帶我進入只有「一」的世界裡，一種愛、一種和平、一種生命，存在於所有生物的生命，所有的面孔，所有的行為表現。我好愛海豚呀，我試著說我愛鯨魚，我是真的愛這頭母鯨魚，但正因為她即是「合一」的，當我愛她，她卻從我的意識裡溜走了。

我是她，她也是我；當下沒有我愛著她，或是她愛著我。在鯨魚的實際生活裡，一舉一動都是愛，而我們就是那份愛。

成為一道愛的流水

幾個月以後，我回到加州，對於我自己的種類——人類——感到沮喪。在辦公室裡不斷聽到問題而感到厭煩，我開始覺得自己被擰乾了，覺得我能給的，都已經被拿走了。我看著鏡子裡的自己，我的雙眼是年輕的，可是突然覺得很蒼老，內在滿是皺紋。我喝下一杯又一杯的水，把乳液一次又一次地擦在身上，內心深處卻感到被擰乾至盡。我變成了一條又硬又乾的洗面巾。我回到浴缸裡，覺得身體裡缺水；我走去室外，去我呼喚鯨魚們的冥想之地。很快地，我身邊所有的東西變得像液體般，可是在我深處，知道自己並不是那些液體的一部分。

我喝水，對著水說：「水，我愛你」，還有「水，謝謝你」。我把從心裡湧出的愛，賦於水面泛起的圖紋和水的色彩，獻給海豚和鯨魚們，就好像他們住在我身體裡，同時我也住在他們的心裡。

距離變得沒有意義，空間和時間也失去了型態，我是以豐沛新鮮的流水所構成，覺得自己能以滋養的水的樣貌被分享和接收。當海豚們感覺到飽足了，我也變得豐盛，我們就像漣漪，超越我們的身體，熱烈地向外延伸至空氣裡。

海豚和鯨魚們持續將豐富的水傳送給我，直到我滿溢。然而，這也讓我認為所有生命都是像這樣灌溉自己、滋養自己的，而海豚、鯨魚們和我是其中一部分。我成為其中的一股流，水充滿了我，我是水做的，我是液體，而我如由深處貫穿的河水那般清涼。我祈望有一條能直接朝向「神聖」的道路。過了一會兒，我發現自己對所有事物的擔憂都沒有意義，我把組成評斷、比較、令人惱怒的事和抱怨能量，都獻給了太陽，太陽會將這些能源轉回到那一個愛，也溫暖了我體內的流水。

我被水所愛著，讓我的故事開始吧。

註：請注意，這些自然的狀態是人類可以在由動物們作為引導者之下，被神聖大地之母所喚起。我所提到的狀態並非藉由任何類別的藥物所引起，這些實際典範對於擁有開放的心，和開放的靈魂的人來說是可以得到的。請動物帶你進入這樣的境界，你也許會記得這些境界也是你的一部分。經常靜坐的人會尋得較容易的途徑，但並不是每個人都需要正式的靜坐才能達到這些意識的狀態。

貓咪轉世與無條件的愛

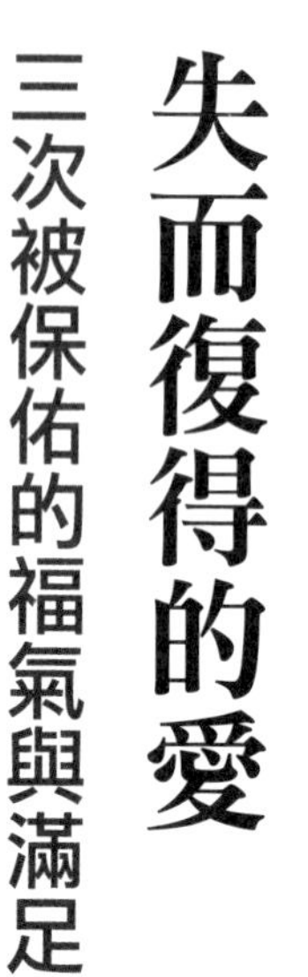

失而復得的愛

三次被保佑的福氣與滿足

貓是嗅覺大師，可是他才在這個新家待了一天，要怎麼回來呢？我把車門和公寓的窗戶都開著，我坐在公寓裡，夜晚的黑暗填滿了房間，而純白色的棉窗簾仍是拉開的。我陷入緩慢流動的時間裡，浸泡在悲慘的情緒中……

我想要和貓一起生活，所以我直接開車到防止虐待動物協會（SPCA），我打算要找一隻小母貓。這裡的貓群中，有一隻面掛笑容，體型很大的小公貓，而他臉上的笑是我見過最大的貓咪笑容。他用低沉又非常歡愉的聲音，對我說了一聲「喵」。他有著老虎斑紋，像山貓一樣大；我愛上他了。

第二天我回到協會接他，每一隻貓都被換到不同的小窩，房間裡充滿了不和諧的吠聲和喵聲，我找不到那隻貓。我嘆了一口氣，也許我跟他之間不是註定好的。有一瞬間，我聽到那獨特的男低音所發出的喵聲，我往後看，虎貓正看著我，於是我把他帶回家了。

星期三，一位叫做克莉絲汀的鄰居來家裡，當她進門時，傑西不見了。克莉絲汀和我到處尋找，虎貓不在床底下，衣櫥裡也不見貓影。

我以前認為貓搬到新的住處時，需要先待在室內幾天，他們得用氣味標記自己的領域，才能再回到原處。貓是嗅覺大師，可是他才在這個新家待了一天，要怎麼回來呢？我把車門和公寓的窗戶都開著，我坐在公寓裡，夜晚的黑暗填滿了房間，而純白色的棉窗簾仍是拉開的。我陷入緩慢流動的時間裡，浸泡在悲慘的情緒中。

我接起正在響的電話，且希望傑西已經被找到了。是克莉絲汀打來的，「他還沒回來。」我說。

電話再度響起，是我爸爸，我抓著電話，努力讓聲音不要發抖、破碎。覺得自己被切成兩半，我已經深深愛上我的傑西男孩，心痛的感覺就好像失去了一位相處數十年的家庭成員。時鐘的分針愈走愈大聲，大門仍然是開放的邀請。周遭愈來愈安靜、愈來愈冷，我的思緒也隨之變得更著急、更大聲。他是不是離開了？

「怎麼了？」爸爸問。公寓的部分空間，因為鄰近海洋的離子而令人感到清新；同時，空氣中也纏繞著絕望。我的心緊皺成一顆球，我看著柳條做的垃圾籃，撿起地上一片紙屑，丟進籃子裡。絕望襲來，我大哭：「我的貓走丟了。」

「喵！」是我那有著低沉嗓音的男孩。會心的目光和毛茸茸的黑灰色老虎紋，他往上看我，要我放心，他回家了，而且他愛著我。

第三次的失去與相聚

我的大學同學露比搬進隔壁。這個小鎮就像一塊轉變為家的磁鐵，用強大的磁力把她抓回來。在這裡，你與熟悉的氣味、自然景色和不同的人格特質重聚。八年之後，研究所畢業的蘿莉帶著剛萌芽的事業，在快要關門的自然健康食品店門口，遇見了有未婚夫的露比和剛萌芽的希望。時間：正午十二點，原因：同步的磁性。露比和蘿莉偉大的希望合而為一。我們相遇是為了幫助彼此，我們會將夢想化為雨水而感到豐盛；我們會共享一個花園，並看著蔬菜的葉片用他們的手心接住晶亮的雨滴；我們會享用生命給予的承諾。

有些日子裡，我們會不小心把窗戶開著，水氣進而浸滿我們的公寓。我們像孩子一樣，沒特別注意，卻有警覺心，我們會淋浸在喜悅中。不幸的是，帶著某些期待的喜悅很快變成了黴菌，而費力的清理工作正在等著我們。在人的意識深處是明白這個現象的，但在三十歲的年紀想要開始新鮮又天真的旅程，相信若是把這屏除在外，一切都將會變得容易。

每當天黑，露比和她名叫魅力小貓的貓咪一起去散步，傑西也常會受邀加入。

星期二晚上我回到家時，傑西並沒有一如往常地在車旁迎接我，陪我走進家中。我把窗戶搖下，沒聽到他的喵聲，路上的車潮聲聽起來就像在吵架。我下車時沒人站在我腳邊，擔憂立刻襲來。

露比堅決地敲門。我家裡有股臭味，有一顆蘋果在水果盤裡已經爛了，於是我用紙巾把它撿起。空氣裡瀰漫著不安，我們邊走向室外廚餘桶邊說話，我把那顆蘋果丟了，問她今天好嗎，邊看看傑西有沒有在院子裡。我們回到室內，我注意到她的頭髮和寶藍色的枕頭很相配。生命裡的風景，似乎總是和生命本身很相容。她這麼晚上門，讓我有些疑惑，也許是和未婚夫有點問題需要聊聊。

「妳還好嗎？」我邊看著窗外尋找傑西，邊問她。

她解釋說傑西在和她們一起散步時不見了，建議我們回到他失蹤的地方。

我們走出公寓大樓，經過垂掛的紫藤，吸了一口甜美的氣息，去尋找我的傑西男孩。露比說：「他就在這裡不見了。」

「傑西！」我叫著。

「喵！」

由傑西帶頭，我們三個跑回家。我三次被保佑著，失去又再找回，我覺得傑西會永遠在我身邊。

分享綽綽有餘的愛

備受寵愛的傑西男孩

這就是我的傑西，貓、松鼠和人經常來拜訪他，有一天早上，我甚至發現一位女士往我的客廳窗戶裡看，她在尋找傑西……

「妳有看到一隻叫做傑西的貓嗎？」一位不認識的女人，她的頭上頂著粉紅色大草帽。她在我的草坪椅旁徘徊，這個問題比她意外地出現更讓我感到吃驚；而我正在享受陽光，陽光沁滿我的心。

「傑西？那隻貓？」

「是啊，他是一個好朋友，我每天都來拜訪他。」有那麼一下子，她回答的語句飄起，微妙地和剛修剪的草地香味相互交織。我有聽錯嗎？

「那隻貓？」

「對，我每天都來拜訪他。」

「就在這兒。」我指著。傑西正在我的草坪椅下打呼嚕。

這就是我的傑西，貓、松鼠和人經常來拜訪他，有一天早上，我甚至發現一位女士往我的客廳窗戶裡看，她在尋找傑西。

「妳需要什麼嗎？」我問她。

「我正在找傑西。」

「妳一定是傑西的家人，我是莎曼珊。傑西在我搬來的第一天過來歡迎我，並自我介紹。」而另一位新鄰居說著。

「蘿莉妳好，」隔壁兩戶的米雪兒問，「妳有看到傑西嗎？現在應該給他吃中午的點心了。」

「什麼樣的點心？」我的貓有糖尿病，所以我得注意。

「給貓咪吃的蛋白餅乾，我在每天的一點鐘會給他一塊，可以嗎？」

「真好，米雪兒謝謝妳。」

「點心時刻到嘍，傑西！」

傑西待在我的躺椅下不動，繼續呼嚕著。

「真奇怪，」米雪兒說，「妳不在家的時候，我一叫他就立刻跑過來，他還會進來我家裡。」即便傑西有這麼多朋友和夥伴們，但當我在家時，他就會待在家。

我們兩個達成了許多默契，有一天晚上我和一位客戶在一起時，傑西跳上我的大腿，深情地看著我的眼睛，說了一聲「喵」。這是指「我想要吃晚餐了。」但我不能打斷療程，我摸摸他，繼續聽新客戶說著她擔憂的細節。

傑西跳到椅背上，用尾巴在我的臉上掃來掃去，我輕輕笑了，客戶看起來仍然是一副很嚴肅的樣子。最後傑西走到廚房，大聲敲打放在地上的碗，我和客戶便同時笑了出來。

動物溝通師——吉娜．帕瑪

傑西第一天來到家中那晚，他到床上和我一起睡。面對著我，傑西輕輕地咬了一下我的鼻尖當作一個吻。他轉了一個小圈，把背蜷靠在我的胸口上，然後睡去。每天晚上都有這樣的動作，有一晚他卻睡在室外的椅子上，難道我做錯什麼了嗎？

露比介紹我一位叫做吉娜．帕瑪的動物溝通師，因為那時我還沒發現自己的天賦，即便我能聽見、看見，也能經常感覺到動物的訊息，卻還是不相信什麼動物溝通。吉娜說話時，她的聲音彷彿來自內心深處，她說傑西非常愛我，我們相似的靈魂有相應的目的，彼此支持著。然而，他最近抓來一隻鳥，當作送我的結婚戒指，想要鞏固我們的關係，讓我知道他會永遠陪伴我。

吉娜說對了那隻鳥，那時我沒搞懂傑西的目的，還打給救援單位幫我救那隻鳥，不讓傑西進入我正在搶救鳥的浴室。這段傑西和吉娜溝通的訊息有點像這樣：「蘿莉對我在公寓外的生活不感興趣，她不欣賞我的狩獵技巧，也不和我一起出來認識我的世界。」

傑西覺得被拒絕了，而就在禮物被誤會以後，馬上跑到室外的椅子上睡覺。我對於吉娜的信任開始增加，溝通完過了幾天，傑西送上一隻松鼠，我向他表達感謝並恭喜他有高超的狩獵能力，然後在電話上和我的一些朋友們分享這美好的禮物，且讓這隻已經死掉的松鼠待在客廳一下。一個小時後，我把松鼠拿到室外安葬，傑西也在外頭，我對明顯已經不在松鼠身體裡的靈魂說了一些祝福的話。傑西回家時，他跑到松鼠被埋葬的地方，再跑到我身上來聞我的嘴，檢查我有沒有吃下這份大禮。我的貓夥伴和我再度成為最好的朋友了，睡前我獲得了一個晚安吻；而睡夢中，我們互相擁抱。

與兩個男生的生活

我的伴侶用他如楓糖般濃厚且甜蜜的聲音說：「盡妳所能地靠近我的心吧。」我知道他指的是我，但傑西跳上床，將身體貼上我們的頭。

窗戶很靠近花園，我聽到草地上的噴水系統打開了。露比正在室外澆水，我感覺得到她正享受於接下來花園會長出什麼的幻想。露比和我喜歡一起討論美麗的幻想，然後將幻想實現。她看著我在結束了好多年辛苦的戀情後，現在和夢想中的男朋友在一起而深受啟發。當我痛苦的時候，她家中的花朵們隨著鐘擺滴答滴答地滲入我們兩人的公寓之間那薄薄的牆壁，使我想像著美好的未來。現在，我美好的未來已經抵達，而她將這個美好如靈感之泉般飲下。

我更靠近地依偎著我珍愛的雷。「傑西，」我說，「當我和雷做愛時，我們需要隱私。」傑西待在原處，但是很有禮貌地轉頭面向另一個方向，望向窗外，並看著外頭溪水的風景。窗外的溪水開心地流過石頭，在空氣裡唱著喜悅。現在，只要我親吻我的男人，傑西就會趕快轉頭看別的地方，他把我們逗得哈哈大笑。

我再次打電話給吉娜，因為傑西每天早上九點都會撲向我的臉。

「告訴蘿莉我想要跟她多花一點時間在家，不要那麼常去看獸醫。她太忙碌於一點都不重要的事情上，又常常睡過頭，因為這麼忙碌，她自己也不快樂。快、快、快，起床享受一天吧，蘿莉！」

我大笑。

面對分離的痛苦

哭與笑過後的全新開始

在家裡到處都能感受到傑西，可是他不在家。我試著為他的靈性存在感到高興，卻處在深深的絕望中，無法信任神靈。傑西的失蹤讓我泣不成聲……

七月初，有一天我醒來時，聽到小孩們在院子裡的跳跳床上玩樂的聲音。我喜歡我的生活，可是內心一直有一種恐懼，我一直害怕傑西的病會讓他離開我。

傑西搬進來一週之後，獸醫告訴我他有肝炎、糖尿病、髖關節斷裂、寄生蟲、喉嚨痛，以及受傷的腳上少了一根腳趾，而且需要切掉一半的結腸才能活著。現在他看的是整全性獸醫、一位整脊師和一位能量治療師。

我擔心傑西無法像我需要他那樣長久地陪伴我，我想要他一直在我身邊。柔軟的綠色地毯在我腳下，我用西瓜乳液把雙手擦得潤滑，我擔心自己永遠沒辦法感到安心。屋子裡滿是夏日和肉桂的香味，卻也是我的男孩失蹤的時刻。

那一晚，我的手指緊抓著電話，用力到手掌被指甲壓出了半月印，只看得清楚一半，我的喉嚨像一根吸管一樣緊縮，胃裡如同雷電交加，我在發抖。我打電話給吉娜·帕瑪，祈禱她在下班以後還會接電話。

「吉娜，我的寶貝晚上沒有照常回家，拜託妳指出他的位置。」

傑西徹底消失了

兩天後，傑西的身體被土狼攻擊，他可能撐不下去。一開始，他透過吉娜讓我安心，說自己仍然在這個地球上，並纏掛在一棵樹上。根據吉娜的說法，傑西和住在社區裡的一隻玳瑁花色流浪貓跑走了，這隻貓教他一種逗野狗的遊戲，我想他指的是土狼。傑西和另一隻貓爬到樹上去逗鬧這些土狼，但是他現在有狀況，他被纏掛在樹上已經有十二小時，而土狼還是很憤怒地守在樹下。他跟吉娜說，要讓我知道他對於使我擔心感到非常抱歉，這不是他的原意。

這聽起來就像是我的寶貝會說的話。我觀察過他追逐大狗，和浣熊相處時態度自在，也和鹿玩在一起，有一次我還看到一隻鹿親吻傑西的鼻子。

我尋遍了社區裡的每一棵樹，河邊也找了，六小時後我發電子郵件給吉娜，吉娜認識傑西三年，這次卻找不到傑西，他徹底消失了。

「我可能用盡九條命了。」他一邊笑著一邊對安奈特·貝切（Annette Betcher）

說，安奈特是一位專精於尋找失蹤動物的動物溝通師。

「傑西的身體被拖行過，他裝死並試著回到妳身邊，他撐著最後一口氣。不用擔心，這隻貓想要回到妳身邊，一個月左右他會回來。有些貓帶著新的肉體回來，傑西對此非常肯定。」

和我心愛的貓朋友一起生活、一起冒險的畫面在我眼前閃過，我想著我們窩在一起、去室外的時光，也想起他曾經教導一隻叫做巴斯特的小貓。巴斯特是傑西的小跟班，模仿他的一舉一動，他們經常在早晨一起聊天、玩樂和冥想。

過往傷痛得到療癒

我記得那時要求防止虐待動物協會確定讓我帶回去的是一隻健康的貓，當我發現我的新夥伴有許多健康問題時，我很高興協會並不知道這些狀況。對我來說，傑西的確就是我要找的，獨一無二的那隻貓。

然而，宇宙卻為我準備了超出想像的其他規劃，逃避失去不是其中之一，而尋找永恆就是祂的計劃。協會距離我家只有五分鐘的車程，傑西和我初次一起回家時，我就知道傑西會永遠和我在一起。有一種神祕的力量知道傑西會幫忙教導我分離的痛苦是一種內在的狀態，而不是外在的。

我查看電子郵件，吉娜給我寄了一封訊息。

「傑西說，因為這段和妳在一起的感情，他過去被拋棄的傷痛已經得到療癒，因為妳，他感到全然的充實，心情平靜。他想要妳知道，他的健康狀況在和妳相遇之前沒有被好好照顧，請不要責怪自己。他說這些問題源自於自己的業力旅程，並不是給妳照料之後的結果。」

那時，當傑西需要的時候，我每天四次用管子餵他吃東西，他再次變得強壯。在他和貓貧血症、厭食症奮鬥過後，我照顧他直到身體恢復正常。這些病症的起因是在搬來和我一起住之前缺乏醫療照顧，骨折的髖關節沒有治好，造成他一半的結腸被切除。只要我沒有在家裡過夜，早上六點我就開車回家，縮短我在外停留的計劃為他注射一天兩次的胰島素。只要傑西需要什麼，我都會給他，就算欠債也無妨，傑西是最優先的。

當我們相遇時，他大概四歲大，顯然在他住進協會的那一週和搬來跟我一起住之前，他沒有接受過任何醫療照顧，一直到進入協會時才被結紮，這也能解釋他巨大的體型，荷爾蒙讓他長到很大隻。他是一隻毫不畏懼的街貓，我立刻就愛上他了。

有一回他胰島素的問題發病，我迅速把他帶去動物醫院。他癱軟在我的手臂上，我覺得他快死了，但我看著他愛的雙眼，對他說：「傑西撐住，我們就快到了。」而一旁的雷正在開車。「撐住，我愛你，你會沒事的，再撐幾分鐘就好。」

傑西教我純粹喜悅的本質

幾個小時以後傑西到家了，他的頭和背倒在地上，我衝出去，以為他昏倒了，但我的寶貝正開心地看著一個地鼠洞。他為生命感到欣喜，為自己感到高興，也為和我們在一起感到快樂。

傑西對於生命的興奮激起我對生命的嚮往，我能夠做些什麼才會像他在探索地面時那樣開心呢？我有十五年沒打保齡球了，也許我該打給朋友們，大家相聚打保齡球；也許我該去一趟夏威夷之旅，在沙灘上待一整天總是令我特別來勁；也許我該報名社區的電視課程。比起外在的探索，內心更充實、喜悅的渴求正牽動著我，一種說不出來的熱情、全然的遵從觸碰著渴望。我呼吸著夜晚的空氣，感到敬畏，此時此刻我覺得滿足。

「他會用另一個身體回到妳身邊。」安奈特向我保證，「他說很快就會回來。」

我開始明白，自己一直以來都在為我的寶貝能有個健康的身體祈禱著，花了六千美元的手術、東方療法和草藥、特殊飲食，以及每日的胰島素針，他的身體雖然有比較好，現在卻仍然在受苦。如果安奈特是對的，也許我希望寶貝能健康的夢想真的會以超乎我預料的方式實現，也許我的祈禱有被聽見。

當安奈特掛上電話，我的熱情也跟著消退，我把一時的希望收起，隨即選擇了悲傷的情緒。在家裡到處都能感受到傑西，可是他不在家。我試著為他的靈性存在感到高興，卻處在深深的絕望中，無法信任神靈。傑西的失蹤讓我泣不成聲。

我哭著，又笑了，同時有一種全新的美好在我內心萌芽，好像心裡頭有一座花園，而傑西就在我心裡，一個新的開始正被養育著。同一時間，我慣性的思緒和擔憂在我腦裡喋喋不休，有什麼正在呼喚著我，我無法明確地指出，感覺卻像是我正在被滋養著，且那個呼喚正與我的內在深處對話著。腎上腺素起伏之間，我感受到一股陌生的平靜，讓我帶著敞開的態度來看待一切。

相聚前的考驗

在放棄與繼續間掙扎

如果我可以進入貓在往生後去的某些境界，親愛的傑西寶貝，我會找到你，把你帶回家。

但我該怎麼到那裡？能帶我跨越生死境界的火箭又在哪裡……

五週之後，傑西透過吉娜告訴我，如果我能選出一隻貓，他就可以進入那個新的貓身體。這對我來說太難以置信了，安奈特卻也同意吉娜的說法。還有一位靈媒意外地來到我所教授的課堂，說她有一段來自我的貓的訊息，「他要我告訴妳，他要回來了。」三位傳訊者有相同的訊息，讓我對這個想法保持一顆開放的心。

當我問雷是否相信這些的時候，他說他並不知道自己是否相信。他的眼神能讓我感到平靜，能放鬆我的肌肉，安慰我跳動的想法。他很開放，對於任何可能都不抱持堅硬的態度或立場，我覺得比較安定。雷的皮膚黝黑平滑，是西班牙和猶太人的後裔，在優閒的紐奧良長大，二十二歲時搬到加州學瑜珈。當他笑的時候雙眼圓潤明亮，就像個年輕的男孩。

我收到語音留言：「我是史黛西．卡德威，住在和妳同條街的尾端。我不認識妳的貓，很遺憾妳失去他，我在郵筒裡看到妳的尋貓啟事，我這裡有五隻小貓，都是五週大，妳想要一隻嗎？」

「不要！」從我腦中灌下來，除了傑西以外，我不要任何貓。然而我又想起，他要回來，他正試著要回來，他轉世到鄰居家以便我找到他，是傑西讓這鄰居打給我的。於是我回撥給那位鄰居，她確認其中兩隻小貓有著老虎斑紋。我肯定在正確的方向了！我就像是在童話故事裡，神聖大地運作的方式真是奇妙呀！

我是那種不管走到哪裡，腿邊都有一隻貓的人，貓咪就是愛我，覺得我和他們是一夥的。我該如何對那位女士解釋轉世這種事？還是不要解釋好了，就跟她說貓都喜歡我，當傑西跑向我時，她會覺得驚訝，為貓咪找到新媽媽感到高興。要是我提到轉世，她可能會覺得我瘋了，或者以為我編出這些來逃避悲傷，而為我感到難過，也或許她會相信我。無論如何，最重要的是，她會知道該給我哪一隻貓，因為傑西會馬上跑向我。

再次出現的契機

我抵達了，小貓們卻完全忽略我。

「他們還沒見過很多人，所以比較害羞。」史黛西似乎覺得有點尷尬，而我倒是真的很尷尬。當我靠近小貓時，他們全跑開到客廳的四個角落。

「謝謝，我想這不是註定的。我上一隻貓和我有一種立即的連結，所以我知道自己不是這些小貓的好對象。我在找一隻被我吸引的貓，但在這些貓咪身上我感受不到比較深的連結。還是很謝謝妳，收到我的尋貓啟事就打電話給我，真是體貼。」

我走回家，每踏出一步身體更往前彎了一點，等我回到家門口時就這麼停著，往前傾，瞪著我的舊鞋帶。門打開了，雷走出來。

「那些貓只是不適合妳罷了。」雷要我放心，他雙手環著我，身上有花園的味道，穿著柔軟的法蘭絨衫。「過來這裡。」他抱緊我，「會成功的，再多一點時間，生命需要時間。」一群圓肚子的鵪鶉一起跑過馬路，正好在窗外拍打著。

雷很看好這件事的前景，卻來了一通殺氣氛的電話，有人覺得自己是好意能幫忙，但最後發現並不是傑西。就這樣吧，他會回來的，只是判斷錯誤而已，以後我會更仔細傾聽自己內在的聲音。直覺要我回到第一次遇見傑西的地方，第二天我醒來的時候非常興奮，「兩小時就回來喔！」我親了還在做夢的雷。

抵達防止虐待動物協會時，天還很早，協會等一下就開門。那裡有其他五個人，我們其中四人想要養貓，另一位則有五隻貓要送出。就是今天了！我幾乎能在骨子裡感到成功的決心。有一張貼出來的告示說協會每逢週一不再開放，好吧，這一定是神聖大地的意思。我提議所有人去那位有五隻貓要送養的男士家，一人挑選一隻貓，而那位男士也同意。

我開車過去的路上覺得一切都不太對，我很累，錯過了路口。我還沒吃飯，甚至還沒喝水，肚子咕嚕咕嚕叫。我的靈感感覺起來很不確實，「為什麼今天不能就是那一天呢？」我在內心裡吶喊著，拜託把傑西帶給我好嗎！

期待跨越生死境界

我們抵達那位男士的房子，母貓和她的小貓們卻都不見了。主人對此感到很困惑，「他們從來沒離開過。」食物誘惑、聲聲呼喚、耐心等待，還是沒出現。他抄下我們所有人的姓名和電話，並保證在小貓回來之後會打電話通知大家，但是他一直沒打來，我好失望。

過了一會兒，當暮色籠罩我的心，我伸出雙手請求生命的幫助，想在太陽離開之前抓住它，隱隱約約，我感受到比情緒更深的內在變化。隨著下一次呼吸，對這個生命歷險產生的好奇充滿了我，我不再迷失在絕望的思緒中，因為我已經像營火般被點燃，蓄勢待發。如果我可以進入貓在往生後去的某些境界，親愛的傑西寶貝，我會找到你，把你帶回家。但我該怎麼到那裡？能帶我跨越生死境界的火箭又在哪裡？

「我敬佩你的毅力，寶貝。」雷說。「明天我們去溪邊再找一找，多放幾個告示。」

這就是我男朋友聲音裡的美好特質，能讓我安穩地睡去。

第二天早晨，我跟隨一位靈媒的指示，他應該要告訴我某人或者某東西確實的位置，他的聲音聽起來很堅定，要我往西北方走二十呎，然後再往南邊走三步，「那隻貓就會在那裡。」

我們用指南針，他的指示把我帶到了一個裡外皆空的垃圾桶。

我打給吉娜，告訴她不但貓沒找回來，所有的貓們現在都很努力地避開我。我開始感到生氣，再次思考這個轉世的事情，再加上命運把我帶到一個空的垃圾桶，是時候該放手了。

吉娜卻說，傑西有一些要給我的訊息。

來自傑西的訊息

摯愛的母親、朋友、夥伴、學生，蘿莉：

我游離在完全醒覺的光海之中，同時也坐在妳身邊，時間與身體狀態的束縛都消失了，我是存在的。我和母親在一起，和自己在一起，和妳在一起。我們同在，猶如一顆心，在妳心裡的回憶，妳將我畫為「老虎」，而在我們合而為一的心中，我們是一體的。我坐著陪伴妳走過回憶裡失去的完整，我一直輕輕地待在這顆心裡。

把妳心裡的問題放下吧，我已經沒有形體，我是一顆心的形態，是妳正在等待的樣貌，我此刻就和妳在一起。妳只是在妳心裡那處等待著，而我卻活在我們合而為一的心中！妳透過心裡的眼睛看見我，也在睡夢裡見到我——我伸出雙腳揮舞，我正和妳在一起，因為這麼做能安慰妳。請別跟隨猖狂的幻覺，因為在幻覺之中妳會一直等待著我，而我希望此刻妳就和我們在一起。這珍貴的時刻超越思想、時光與心，我在此刻、在永恆和妳不分離。

如果有人在等待，那是我，等妳加入我，抵達超越心和時間的邊界，在此沒有人等待著任何人。妳再也不會放開我，而妳放開因思念我而產生的痛苦與折磨的幻覺，為此我很感激，感謝妳的意願、妳的存在，我們是彼此的禮物。

帶著喜悅在心裡想著我，只有充滿喜悅的思念能使我們重聚。這是恢復與建造完整性的能量，完整性是我們都盼望擁有的狀態。在這沉思的時刻，妳繼續釋放所有事物是很重要的，除了放掉喜悅。只要想著「喜悅」，這個詞裡頭的那股能量就如同妳總是呼喚著的「寶貝」，唯有這樣，才能透過妳嘗試變得合理的渴望讓我們團聚。

現在是妳自我滋養的時刻，自我滋養是妳的下一步，將妳曾經給我的能量，有時灌注於妳的工作中，也灌注於妳的身體。允許雷和妳的客戶把他們的能量傳給妳，妳付出的力量正祈求獲得平衡。現在我住在沒有時間的永恆中，在這裡，一切都是有形的，我正看著形體展現於地球上的生命基質中。

我在附近，融入了整體裡，一切都好，一切都完整。超越時間，我活在無形中。

請妳卸去思想的形式，就讓自己和我在一起，和母親、自己在一起。妳在這裡能感到任何安慰嗎？此刻妳的任務是讓自己安住在這安穩裡，妳能做到的，和我待在這裡，這是妳的選擇。當妳選擇時，我一直都在這裡。妳要我選擇回來？而我請求妳選擇我唯一的路——現在就待在這裡！當我的軀體和那些狗一起倒下時，我就失去了我的選擇。現在我只有吸引的性質，引導妳如何創造出能把我吸引到妳身旁的力量，妳透過心智就能做到。要記住，心智會創造扭曲，所以我寧可妳是發自內心來做到。

一顆寧靜又充滿喜悅的心，能創造出健康的身體和健康的關係。在妳心裡的寧靜之處，悲傷安息，喜悅誕生，那裡就是我的共同體，妳的寶貝所住之地。妳感覺到我燃燒的光芒，此刻妳看見我的轉變。當我住在這裡，我的任務已盡，而妳的任務是變得舒適且充滿喜悅地接納，妳將會如此地接納我。

見證轉世奇蹟

重重考驗後的相聚

很快地，他用臉頰磨蹭我的臉。傑西寶貝轉世回到家了，比我預期的更像他本來的樣子！我感覺到愛與平靜中最深層的永恆空間，這是我從來沒有發現過的……

我打給安奈特，她解釋說傑西需要轉世到一個大體型的雄性身體裡，而不是小貓！我在防止虐待動物協會發現一隻叫做影子，有著漂亮煙燻色的黑貓。在傑西離開我們家的那天，影子住到了協會，影子已經在那裡住了五個星期，他是員工的最愛，大家都不懂為什麼沒有領養者馬上把他抱走。這讓我想起我第一次在協會見到傑西，他對我大聲說喵。他抵達了，員工把他視為最愛的那一隻，對於他等了這麼久才被選走感到驚訝，但我很感恩，感謝他一直等待我找到他。

「他不見得會有老虎斑紋，只要確保他是一隻大體型的雄性，有親切感就可以了。」安奈特這麼告訴我，她補充說傑西希望我能理解。然而，我花了一點時間和影子相處，他完全不是傑西！他沒有傑西的活力，也沒有傑西的靈魂和眼睛。儘管如此，我打給吉娜和安奈特，她們都確定傑西會在我把影子帶回家的時候和他交換身體。這實在很不可思議，如果我不斷挑戰這個冒險，可能會變成一場悲劇。

出乎意料地，我發出低沉如雷般的笑聲，像是載滿開心遊客的雲霄飛車，我的感受將我變成和我以為的那個自己截然不同的人，我不再理解自己是誰，因為創造力正在這個轉變裡發生。

「我該問影子可以放棄他現在的身體嗎？」我問安奈特。

「當然不行。」是傑西轉給安奈特的回覆，「交給我處理。」

「他好像很確定妳跟我會妨礙到他，那兩隻貓得自己進行安排。」她解釋著。

更深層的信任

週五下午我在協會關門前一小時去接影子，可是半途中，我覺得自己因為憂愁而有了這神奇的幻想，於是我把車子掉頭，如果這件事沒有成功，我會深受打擊。我相信有好的結果，但這感覺太不可能了，我還是回家好了。

最後我沒有把車掉頭。生命只提供我願意接受的，在協會關門之前我還有十五分鐘，口袋裡有付給協會的費用，後座的箱子裝了兩打各式的 California Natural 貓糧，我的心臟跳動快得就像是比賽中的賽車選手。前面有一台開得很慢的老車道奇，另一台車從我旁邊呼嘯而過。上帝呀，我相信祢，我交出全部的自己，祢一定要讓這成功，讓這成真。我必須保護我胸腔裡大聲跳動的心臟，心臟是我最真實的寶石，千萬不能弄破，拜託。

我打了右轉的方向燈，超過另一個正在減速的車。我們會一起成功的，我們可以搞定，傑西加油，上帝加油，我們現在是三人行了，走吧！綠燈了，我以時速二十五哩開過市區；又一個綠燈，我開到三十哩。我從後座的窗戶看到警察，他突然出現在那裡，每當你覺得有進展的時候，總是會有個「突然」。警車響起警鈴，閃起警燈，從我旁邊衝過去，十秒鐘以後，警車已經超過我一個街口那麼遠了。太好了！再一個綠燈，我又回到時速二十五哩的速度，還剩下十三分鐘，我們安全第一吧。又一個綠燈，我到了利夫奧克城（Live Oak）的第七大道，協會的大樓就在這裡。

這個魔法一定會成功，我們的計劃一定會實現，這一天將會把我的信任轉變得更深層。我到停車場了，我正在停車。

無法渴求的轉世

影子和我回到家，我男朋友去外地，家裡只有我，而我想念他。雷在我身邊能讓我確認自己是誰的感覺，覺得自己是很被他注視和欣賞的；他很安穩，和他在一起時，我就好像是一個安放在沙發上的靠枕。影子在床底下，他毛茸茸的黑白色身體帥氣地靠在身後白色的被子，我將自己準備好，要和一隻安靜的、不同於我多話的傑西寶貝的貓生活。我家中有香草的香味，室外的樹枝正在跳舞，然而，寧靜的聲音裡塞滿了空虛，空氣裡充滿了失望。

吉娜有說過，要能認出傑西在新的貓身體裡可能會需要幾個月，甚至幾年，她說轉世的動物有時候會一點一點慢慢地回來。可能吧？我床下有一隻和善的貓，他是陌生人，也許接下來六個月我們會一直當陌生人，也或許永遠都會是這樣。

不知如何，我接受了。月亮再次高掛天上，我信任月亮，也許這是一個需要耐心的課題。我還可以，我很冷靜。我是音階上走調的半音，下降唱進悲傷裡，升C、降B，是一樣的音。自然一點吧。我迷失了，哭泣著，像一個關不起來的水龍頭。可是我很有耐心地坐著，深入我的細胞裡等著。我的思想像是注入了滿懷認可的玉露，沉浸在自己裡，最後在平靜中感到飽和。在放棄抵抗以後，我安住在自己之中。

「不要一直想找傑西的身體。」兩位動物溝通師在傑西失蹤的時候這麼告訴我，「如果傑西想被看到，他就會被看到。」

與傑西重聚

讓我驚訝的是，四小時後，影子在我面前開始變成傑西寶貝。他跳上床，打呼嚕，窩成一個圓圈，把背部緊緊靠在我的胸口和臉頰小睡一番，就跟傑西一樣！他一開始的膽小轉變成傑西十足的力氣，當他是影子的時候很沉默寡言，小心翼翼地注意四周；當他是傑西的時候，不用多說就能夠掌管一切。他的眼神接觸有巨大的變化，變得很像傑西的眼神；他對噪音的恐懼轉變成傑西寶貝的勇氣，能對著室外的大型動物哈氣，肢體語言有極大的轉變！一切都在他的掌控之中，他的尾巴帶著熱情直直往上伸，耳朵豎起來聽著。

很快地，他用臉頰磨蹭我的臉。傑西寶貝轉世回到家了，比我預期的更像他本來的樣子！我感覺到愛與平靜中最深層的永恆空間，這是我從來沒有發現過的。我與傑西相互融合，我被帶到天堂和他在一起，看見一個沒有開始也沒有結束的世界，在那裡一切合而為一。只四個小時，我們就到了另一個境地，像天使一般的明亮又甜美，一切都受到照顧，彷若人間天堂，而我的貓向我展示這是可能的。沒有形體、沒有時間，我和傑西相融在愛裡。

生命中的禮物

最熟悉的傑西寶貝

當我說「傑西寶貝」的時候，他就像以前那樣，用那獨特上揚的聲音「喵嗚」一聲。這個奇蹟帶給我超越期待的快樂呀！傑西回到家了！這次我把心大大敞開，腦中沒有任何懷疑……

「傑西希望妳知道，他不會和以前完全一樣，他會經歷一些變化。他擔心妳會期待他的行為舉止、他的外表和以前相同，但可能不會是那樣。」吉娜曾經這麼說。

「問他以後還會不會常常和我抱抱、和我窩在一起。」

「我們最會抱抱了呀！」傑西回答。

我請吉娜告訴傑西，當他回來的時候要深深地看著我的雙眼，那是我想像自己能認得他的唯一方式，而他也這麼做了，那雙眼睛曾經有著影子的靈魂，後來充滿了傑西崇拜和愛的眼神。這就是傑西，我認得他，他看著我的雙眼看了一個小時，把溫暖和澎湃的美好能量都傳給我，這個舉動對貓來說並不尋常[註1]。傑西把我有如大海般波濤洶湧的懷疑平靜了下來，轉變成淡藍色天空那樣安穩的信任感。我們相融入沒有時間也沒有空間的地方，那裡沒有我，沒有他，沒有任何人，卻有著萬物。從今天起，我會記得在這個自然的愛的基礎上，所有生命的形式都會無止盡地開始與結束，並體驗結合、孤獨、團圓、玩樂。

在半意識之下轉換念頭的一瞬間，我用澎澎的白色被子包覆自己，聽著紗窗外蟋蟀的叫聲，我回到我是一個個體，傑西是另一個獨立個體的意識。內在的美好觸動退去，我又回到分離的現實裡。這也是一份禮物，這一切都是禮物。傑西和我在光中相伴，此刻，生命很溫柔。在這生命裡我感到興高采烈。

最熟悉的新夥伴

當我說「傑西寶貝」的時候，他就像以前那樣，用那獨特上揚的聲音「喵嗚」一聲。這個奇蹟帶給我超越期待的快樂呀！傑西回到家了！這次我把心大大敞開，腦中沒有任何懷疑。我的心填滿了我的身體，也填滿了房間，我的心和傑西的心一起對生命唱著感恩的歌，傑西和影子真是奇蹟，謝謝你們兩位。

十二小時以後，傑西．賈斯丁．喬伊（他的新名字）開始做出以往的調皮動作，輕

1 譯註：對貓來說，直視雙眼帶有威脅的意思。

輕咬一下我的腳踝表示不滿意食物，他一定要吃養生口味的，其他都不接受。他像以前那樣磨爪的習慣性動作讓我笑不停，當我撓撓他的下巴，他會抓抓我的手臂。他也還和以前一樣是踢足球高手。他一直待在我身邊，向我保證真的就是他。當我花太多時間工作時，他會跳到書桌後面把電腦的電源插頭拔掉，以前他的身體能辦得到，而在新的身體裡，因為體型沒有之前大，力氣也比較小，但他有試著做這件事。

參加工作坊的人過來，他們以為這是我一起生活很久的夥伴，當我表示昨晚他才搬進來，大家都很驚訝。「你們看起來就像一直都在一起的樣子呀！」神聖大地有祂的想法和規劃，我只是把這故事說出來而已，忘了大家可能會覺得這位表達性藝術心理治療的醫生瘋了。沒想到他們哭了，有一位操著紐約口音的男士充滿熱情地說，聽到這美麗的故事他深受感動，並且跟大家分享自己的故事——他的狗過世以後，他清楚地在家中後院看見狗的靈魂。

歡迎傑西回家

我的貓夥伴完全是傑西了，他比以往更加活力充沛，他充滿光芒，讓我感到完整。因為找到一種超越情緒層面的快樂，我也變得不同了。快樂的情緒來了又走，而來自本源的喜悅是永恆的，只要我在此刻、在每一個當下進入和它相同的頻率，即使身在各處都能找到這種喜悅。我感到安詳和喜樂，綠色的沙發感覺起來就像棉花糖，而我腦袋裡銳利不均的念頭皆變成絲絨般的悅音。

朋友們來訪，也認出傑西透過新的身體回來了，家裡充滿歡笑。他真是漂亮，顏色就像奧利奧（Oreo）餅乾。

雷很高興見到傑西。「你有覺得這是傑西嗎？」我問，有些人沒辦法認出是他，有些人能立刻認出來。我有一位叫做潔莉的學生說：「就是他，他就跟以前一樣馬上來門口迎接我。」

「我分辨不出來，親愛的，也許是他吧。」雷總是用能讓我放鬆的方式說出心裡話，也驗證了我的體驗。他和傑西．賈斯丁．喬伊寶貝在地上，摸摸他，說：「親愛的，歡迎你回家。」

真正的愛與喜悅

專注聆聽生命中的指導

傑西啟發我去發覺真正的喜悅包含了所有境況的原貌，內在喜悅並不依附在任何的生命樣貌上。就像心中真正的樣子，喜悅是一種對萬物無條件的愛……

一個月後，我的貓天使和我給這次轉世一個優雅又輕鬆的歡呼，傑西很冷靜，只要他大膽向我提出需求或渴望，接著一定會再給我一個抱抱，確保我知道愛一直都在。他也不容置疑地表示不要再去看獸醫，我可以打給布雷克醫生，他是受過西方獸醫訓練的順勢療法獸醫，可是傑西不想再坐車去動物醫院，因為前世他太常待在醫院了。前世的最後幾年，傑西的生活裡充滿了醫生、藥物和手術治療，而今生他有完全健康的身體。每次我想把他放到提籠裡，他會又跑又跳的，再跑過來親我一下，如果我再試著抓他，他又會像隻兔子跳開。

我感到煥然一新，放棄以自我為中心，決定跟隨靈性的世界。以前我不斷想著的激烈問題是「我該如何成功？」現在變成「我該如何在每一刻都活在愛裡，活在喜悅和開放裡？」在我對每一位客戶、每一個瞬間的抉擇，以及我個人的生活，傑西都給我很棒的引導，讓我專注地聆聽。我敬重他就像一位神聖的老師、神聖的伴侶和學生般，他也極其尊重我們所有的溝通互動，並指點出生命裡所有的際遇與它們的核心價值在哪裡。

傑西幫助我活在一個全然安好的世界，在他的引導之下，我在無垠裡找尋幸福，而不是讓各種起伏不定的狀況來決定自己是否安好，是否感到滿足。傑西確保我是在正確的道路上，以強烈的存在感讓我躁動的思緒進入寧靜。他輕柔地把手掌放在我臉上，舔一舔我的手，按摩我的頭。雷注意到我的變化，支持著我，就像一股與我同游著的柔水，他似乎明白我的內心有多深沉，而我的外在改變對他來說並沒有什麼。雷喜歡我本來的樣子，我也感到相當自在。

找回失去的部分自我

兩個月後，傑西的眼神看起來就像他在虎斑身體裡的樣子，他的表情和眼睛都回來了，現在變成一隻臉上和胸口長滿巨獅鬃毛的毛茸茸大傢伙，尾巴蓬鬆又可愛。當他開心的時候，會發出和上個身體所發出一模一樣的聲調，以前我叫他虎貓，現在他的小名是小獅子。

雷、傑西和我對彼此感到非常滿意。對於先前幾任男友，傑西在他像老虎的身體裡時，曾警告我：「不是他，離開吧。」他當時是對的。而當我愛的雷出現時，他馬上說：「這就是我們一直在等待的那個人。」到現在已經過了兩年，我覺得傑西那時說對了，我得到了一直渴望著的愛。傑西能夠很深入地看見一個人的靈魂，他是我的幫手、我的朋友、我的老師，他比我更成熟。我更加敏銳地去感覺他，讓自己進入充滿光亮，有大師祝福的幸福境界。

傑西啟發我去發覺真正的喜悅包含所有境況的原貌，內在喜悅並不依附於任何的生命樣貌。就像心中真正的樣子，喜悅是種對萬物無條件的愛。只要我留意，真正的喜悅一直都存在，它在夏夜裡不停歌唱，在我胸口裡游動著。我明白開心沒有什麼不對，因為我就喜歡這樣。我知道自己可以快快樂樂的，因為這是我的選擇，不用什麼理由。所有賦予快樂的理由就像花朵般綻放又凋謝，只有真正的喜悅永遠不會離去。

我從來沒有如此快樂過，有一位客戶說：「妳會這麼快樂是因為妳的貓回來了。」我快樂是因為我的貓回來了，而且他也把一部分的我一起帶回來，是我在好幾年前留下的那部分。

永遠的貓兒子傑西

貓應該是獨來獨往的，可是我的傑西就像個小嬰兒，喜歡被抱著輕輕搖，直到他

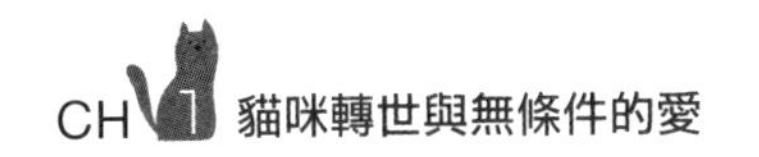

睡著，也喜歡像隻泰迪熊整晚被擁入懷中依偎著。我在家的時候，他喜歡時時刻刻都在我身旁。我們發現他有布偶貓的血統，長長的黑尾巴中間帶有一條白紋，上半身有一圈像是土星環的褐色毛髮。當他在午睡時突然跳起來，豎起耳朵，看向窗外大聲叫著，我就知道附近有其他動物。可是當一隻只有兩磅重的緊張小貓跑到家中挑釁傑西，他就只是深情地安撫小貓。傑西是我的典範，我帶著感恩的心，慶賀他的教導以及他的存在。

我感到安全地存在著，知道永遠會有朋友和我一起，永生永世，而我也請求上帝把雷永遠留在我身邊，被拋棄的恐懼已經消失了。傑西在轉世之後，跟雷和我一起搬進新家。雷一直對於和家貓同住在一起有些猶豫，但在幾週以後他居然告訴我關於他和兄弟們的事。

「今天晚上我跟那些男生說，我有個驚喜喔！」雷這麼說著，「我家有一位新的成員，他是一隻貓。傑西真的是太可愛了，我好愛他，和他一起生活真開心，他就是我的貓兒子。」

每天早晨在我做固定的有氧運動時，傑西會在陡峭的車道上跑上跑下，當雷打開門走到階梯上，他會撲倒在雷的腳上，背朝下肚子朝上，等著被按摩一番。我信任宇宙的魔力，傑西．賈斯丁．喬伊一天天地教我無條件的愛和喜悅。

受惠於動物老師們

活在絕對的無條件中

黃翅飛蛾簇擁著愛與和平

演講結束後我回到座位上，飛蛾已經離開了。過了幾分鐘後她不知道從哪裡出現，飛向我，且停在我的手臂上！我們在敬畏和感恩當中望向彼此的雙眼，她微小的眼睛看起來很珍貴……

身為一位治療師，我也會公開演講，我最喜歡的話題之一是「在喜悅中創造成功的練習方式」。有一年我為《聖克魯斯前哨報》（Santa Cruz Sentinel）所主辦的女性商業博覽會擔任主題演講人，當我準備要上台的時候，一隻有著黃翅膀的漂亮飛蛾停在我的書本上。

「妳來這裡跟我說話嗎？」我問。

「是的，我來協助妳演講。」

「妳希望我知道什麼呢？」

「妳在演講中所要傳授的內容是次要的，對人們來說能聽到這個主題很好，但那不是妳最主要的目的。妳被邀請來這裡演講的原因是要保持平靜，當妳站立在無條件平靜所發出的震幅之中，聽眾們也會感到相同平靜。」

「好的。」我帶著感激，同意飛蛾的話。我和飛蛾說好，在我演講的過程，我們要待在彼此的心中，當我演說時，我確實感到平靜。

演講結束以後，許多懷疑從我的意識中消散而去。我確信自己有好好利用一生，為了必要的成長，我有做出正確的選擇，即便曾經犯錯。我付出貢獻，給予彌補，一切皆以重要的次序來到我面前。我正在做的，是我同意身為一位不完美、脆弱、充滿善意和力量的人在這世上要做的。內心感到很大的安慰，因為我不斷讓自己充滿目標和抱負，卻一直覺得自己做不到。然而，這隻黃翅飛蛾邀請我去探索，原來我的目的是要「成為」愛，她協助我，讓我知道自己是在能力所及下做到最好，這就是成功。摯愛的飛蛾讓我因此感到滿足。

永遠被改變的生命

演講結束後我回到座位上，飛蛾已經離開了。過了幾分鐘後她不知道從哪裡出現，飛向我，且停在我的手臂上！我們在敬畏和感恩當中望向彼此的雙眼，她微小的眼睛看起來很珍貴。

「謝謝妳，我的愛。」我的朋友，那隻黃翅飛蛾對我這麼說。

「謝謝妳，我的愛。」我也對這小飛蛾說。

接著出現了兩隻小蟲，他們三隻一起飛走了。

我被帶進那深沉的平靜之中，我的生命永遠被改變了。我受邀活在那份絕對的無條件裡，而我當然接受了這份邀請！

每分每秒，我們都受邀活在無條件裡。你可以如此完全專注在身體的感受、情感的波動和敘述的文字，而回到所有存在的起源——宇宙。愛你的宇宙萬物吟唱一首廣納所有存在的歌，歌裡有著各種滋味、各種臉孔。每一秒鐘的誕生和消逝，都是一個機會去除生命中不需要的部分，來把空間留給廣大仁慈的愛，且在愛裡屈服。

再次充滿能量與信念

遇見紅尾鵟的那一天

紅尾鵟帶到人間的訊息讓我充滿信念，我坐在室外一張柔軟的椅子上，對於我能在一個小時內，從燃燒殆盡轉變成活力充沛感到相當吃驚……

窗戶開著，我們睡著了。我們三個喜歡纏繞著入眠，安睡在一個共享的心跳頻率裡。我感覺到室外的靈們在對我招手，當我放鬆身體和家人躺在床上的時候，我也盡可能地靠近室外。空氣裡傳送著一首歌曲，有男低音、男高音、女低音和女高音合唱。

夜晚變成我的愛人，擁著我。我在愛裡，就像是在名為永恆的搖籃中搖晃著。夜晚像是柔軟的薰衣草毯子將我包覆，我的肌膚感覺得到滋潤，我的深處也被浸潤。野薑花散發出香氣，我深深著迷於這香甜的禮物，沉浸在黑夜裡。凝視著天空中如同眼睛般閃閃發亮的星星們，就像孩子回到父親的懷抱，我回到家了。雷的舒緩能量也沉入夜裡，傑西．賈斯丁．喬伊的心像是火花般在空氣裡跳動。我記得重要的是去跟隨這神聖的愛，在動靜之間，這份愛全然擁有我。

當晨光透入窗戶，山林對我承諾我就是他們，「妳會成為一個強壯的勇士，如果好好餵養自己，妳會和我們一樣強壯。仔細照顧妳的身體，吃好的食物，凝視我們也能帶給妳力量。」當我聽著這些話語的時候，我呼吸著包覆青山的蔥翠綠茵。我曾經是一位印地安男孩的記憶滑過我的意識，我想是不是自己的靈魂存活在一個印地安男孩的生命裡。也許這回憶來自別處，也或許我的祖先中，曾經有人是印地安男孩，在我的 DNA 裡留下記錄。就讓這些疑問爬進我的思緒，然後隨著吐納而退去，我仍然在這份愛裡。

老鷹前來的時刻

一天開始，我淋浴、更衣，漫步在山林坡道。過去幾星期身體的能量輸出讓我感到相當疲累，散步能恢復我的精神。傑西沒有跟著我走那麼多趟，我們一起走了三趟以後，他待在坡下等我。有顆葡萄柚垂在矮樹上，引起我的注意，我走過去把它摘下，對這片樹叢說了一聲謝謝。當我向樹叢表達感謝，心裡充滿了樹的溫暖，樹也回應我一句「謝謝妳。」如此分享感激讓我感到完整，淺綠、長青、深綠與柔和的淡綠色將我包圍。

現實轉換了，電話鈴聲穿過窗戶，我進到屋內接起電話。有人打來說剛才跟另一半的爭執，她尖銳的聲音對我又刮又抓，我們在電話中像是升C和D的兩個音，在寧靜中相互拉扯。我想要她覺得快樂一點，她卻要我感受她的痛苦，我建議她這幾天先過來我的辦公室，得到些支持，放鬆一點。回到室外，我繼續在山坡上下來回走動，我對著自己抱怨說：「我需要更多能量，到底發生什麼事了？老鷹們消失快要一個星期了。」

接著他飛到我面前，他的名字是紅尾鵟，有漂亮的翅膀和大腳。我的心迴盪在升C和D的不和諧音調之間，放鬆回到和諧中。看著他往前飛行，轉向天際，在我右邊迴繞著。他身上的粉色、灰色和紅色把我的心也一起帶向天空，我在地面上，同時也正在飛翔著。

「如果你願意，請過來這裡。」我詢問他，「你願意教我如何變得更強壯嗎？」他立刻轉向我，在上頭盤旋著。我聽到很大的嗡嗡聲，一群蜻蜓過來了，在我看著老鷹的同時，三隻蜻蜓在我身旁跳舞。陽光輕拍我的額頭，我抬起頭，向外延伸雙臂，太陽在我的正上方，那一刻老鷹靜止不動，也把翅膀向外張開。

「謝謝你，謝謝你。生命要我做什麼？」我詢問。

「我們要妳很安靜、滿足，並且聆聽我們。我們比妳想像的更強壯，我們有訊息要給妳，再回來找我們。」

視線往下，我看到兩隻小瓢蟲正在做愛。宇宙真是充滿了幫手和愛人。

「請教導我成為一個真正的僕人。」我說。

「有一位像妳這類型的女藥師用神聖的經文和聖物，把其他人帶回他們原本的道途，超越妳，回歸他們自己，回到他們本來的樣貌。」

「好的，那我做得夠好嗎？」

「還有更多可以做，往深處去。當我們從妳的視線消失，一定要到深處輕輕地喚回我們。當妳看不見我們，要更深入妳自己的神奇能力，然後看我們有多迅速地回來。」

紅尾鵟離開了，但他的身影出現在湖面上，畫面進入我的心裡時，很慈祥卻又令我感到震驚，他看起來俯衝得更低了。

「妳還是給出太多的自己了。」老鷹這麼警告我，儘管我已看不見他的身體，依舊能夠聽見他的聲音。我用一隻手按摩另一隻手掌，感覺到不同的肌肉正在這隻手上運作著。

「我該如何知道要設下怎樣的界線？」

「更小心一點。多花一點時間和我們在一起，妳就會學到。現在該妳接收了，以免妳過度付出而失衡。」

「我該如何回報你呢？」

「妳可以獻出自己，如此而已。」

「接下來我該做什麼呢？」

「妳得坐在小溪邊，讓我們從後門進來，那會是我們來找妳的時刻。」

於是我便開始規劃要開車去費爾頓（Felton, California）一趟，我想去看看秋溪（Fall Creek）。我停下腳步，想起曾經讀過一本雷蒙·葛雷斯（Raymon Grace）寫的書，他說你能在任何地方與水連結，不論你在哪裡。我沒有上車，沒有開到加油站再前往那裡，而我將靈魂從現在身處的地方送往溪邊。

給予能量的生命之水

現在我聽見鐘聲和高頻的聲音，沁涼的微風對著我微笑，也吹入我體內，放鬆我的心。我躺在地上，感受太陽的按摩，且讓大地補充我的能量。

「妳失去了妳的靈魂記憶。只到了半途，妳必須要更仔細聆聽，聆聽夜晚、樹林、白晝。聆聽我們，不用聽其他人。我們會幫妳，我們是清澈的，且我們就在萬物裡。聆聽我們。」

我哭了。「生命之母，我就在這裡。我在這裡，我會奔向妳，我會聆聽的。」傑西這時候跑向我。

「妳有沒有注意過，每一首歌、每一支舞，妳為我們做的一切都留在妳身邊，也都回到妳身邊？這世界上的現在都有著過去。」

「是的。」

「那把妳的臉浸到溪水裡吧，妳會被照顧、被服侍。」

我這麼做了，在沁涼的溪水裡，我的能量愈來愈強大，當我把頭往下，我看見一隻貓頭鷹的影像。

我躺在水裡，沐浴過後得到滋養，被扶著、支撐著，瞬間感到恢復。我曾將身體浸入許多不同的水裡，溪水、海洋、河水、湖水。儘管此刻我在家裡沒有出門，也感到全然舒緩、潔淨，感到再次充滿了能量，是水來到我身體裡。

「感謝這個地球上所有的水！」我大聲歡呼。「你是我們所有生命裡的生命，我永遠愛你，我的英雄，謝謝你。願你永遠被所有人愛著。我把我的愛傳送給你，在你之中我回到家了。」

我感受到紅尾鵟跟貓頭鷹活在我的存在中，心中有如火焰般的力量被點燃，雙腳明智又清醒地感受炙熱硬實的土地。紅尾鵟帶到人間的訊息讓我充滿信念，我坐在室外一張柔軟的椅子上，對於我能在一個小時內，從燃燒殆盡轉變成活力充沛感到相當吃驚。因為讓他們引導我，讓老鷹和嚮導們帶出來自我本源的力量。我獨自做任何事情是缺乏力量的，力量一定是來自於那些智者的指導。

強而有力的訊息

傑西坐在我的椅子下，我們呼吸著，滿足的感受裡混合著一絲敬畏感，愛和散發在空氣裡的歡笑一起跳著探戈。鄰居發動一台非常吵的摩托車，灰濛濛地呼嘯而過，下山丘繞了一圈再回來。

我們靠近地面，感受寧靜中的恩典。我把愛傳送給這位鄰居，他用自己選擇的方式來表現自己。在不同聲音的對比中，一切是這麼有趣，我們不同的生活型態都能找到自己的空間。我聽見峽谷把回音傳給他。

「轟隆轟隆……」摩托車唱道。

「轟隆轟隆……」峽谷回應。

「嗚嗚啊嗚！」摩托車大叫。

「嗚嗚啊嗚！」峽谷也大叫。

我對於我們的訊息如此強而有力感到驚訝，我們唱什麼，什麼就會唱回來。傑西跟我被照射在一面生命的鏡子裡，我笑了，而他眨眼時帶著溫柔的微笑。

其他鄰居靠近我們共用的車道，我想和傑西一樣偽裝自己，我沒辦法一邊保持這寧靜的力量一邊說話。我躺在灌木叢跟藤蔓之間的地上，傑西還是在我身邊，我躺平不動。

「謝謝你上來這裡。」我聽到其中一個人對另一個人說。

「我沒嘔吐真是奇蹟啊。」他的朋友回應道。為什麼我有這樣的鄰居，他們的奇蹟居然是這些東西？

我記得吉娜跟我說過的話：「所有出現在妳世界的人是因為妳召喚他們來的。」我發出無聲的輕笑。

我愈來愈強壯，有什麼東西在我裡面醞釀著，這比我以前感受到的自己更強烈。老鷹和貓頭鷹鮮明地流淌在我的血肉裡，令人敬佩，又充滿活力。我明白老鷹和貓頭鷹也在那位鄰居和他的朋友之中，我們都有這個能量，紅尾鵟和貓頭鷹都在我們裡面，太陽承載著所有人。

聆聽當下的訊息

當這些人離開，能量減弱以後，能確定聚在一起會讓生命更有力。沒有任何體驗是只有我能獨享的，我感到更加敬畏。經年累月，我們得學習彼此之間默默出現的批評與論斷，其實有更好的在對我們招手，紅尾鵟正在喚醒大家的行動。

傑西和我保持寧靜，突然間紅尾鵟飛過來。傑西在椅子下，儘管我側身偽裝在樹叢裡，我敞開自己朝向天，有著紅喙的紅尾鵟就在我上方幾呎的地方。傑西跑開了。我被這完整女性的愛所駕馭，這隻老鷹一定是母的。我趕快坐起來想保護傑西，發現他從椅子下跑到空地去覓食。傑西是安全的嗎？恐懼的念頭從我的腹部竄出，破壞這平和、完整、廣大又安全的愛。

「妳能保護傑西的安全嗎？」我問紅尾鵟，問生命。

「世界上只有愛的念頭跟恐懼的念頭，妳的念頭決定了實相。」這是她的回覆。

幾個小時過去，白天準備結束，進入夜晚，日夜交替是如此的優雅。傑西安坐在陽台上，日落的柔和光芒從他黃色的眼睛穿透到全世界。我走進屋裡，把一大堆毛巾放進洗衣機。

「去後陽台。」雖然我看不見紅尾鵟，仍然可以聽見她說道。

我想，也許傑西跟我應該向紅尾鵟上第三堂課。

「不用。」紅尾鵟聽到了。「永遠要跟隨妳的直覺，直覺告訴妳去後陽台，妳就過去吧。」我到那裡躺在椅子上，感覺到愛來自於我，且愛也朝我而來，這宇宙所有的愛正在我身上團聚。我誰也不是，我是所有人。只要願意，每個人都能有這個感受。

「我們今天的功課已經完成了，」紅尾鵟溫柔地說，「要聆聽當下的訊息。」然後她就飛走了。

我被包覆在完美的愛裡，一切盡善盡美。那天很順利，彷彿知道應該要發生什麼事情，一切都適時適地。我覺察到完美的愛，我該做的，就如所需地完成了；我渴求的，此刻已經在這裡了。

理解從不止息的愛

鳥兒們的來訪與告知

我準備要進屋子的時候聽到一個聲音，一隻麻雀正好停在我的眼前。「你好，親愛的小鳥。」我說道。他看著我，再打理自己一番，我意識到我的工作還沒做完……

幾天前，有一位叫做傑克的客戶過來，他說有一位女人對他尖酸苛薄，當他充滿愛與和善的時候，她卻對著他尖叫。傑克繼續喜歡她，卻對自己感到困惑。我覺得他說的是事實，也感覺得出來他是很和善的。傑克提到自己有一塊叫做「兩個祖母」的地，因為有兩個祖母的靈魂住在那裡，他們經常在夜晚帶著滿滿的愛，一人一邊地走在他身旁。他說那些蜂鳥帶著許多愛在他的臉旁飛著，也談到他的烏鴉朋友們。

傑克來訪我的辦公室真是一種祝福，告訴我這個世界正在改變。我告訴他，要放下對自己很惡劣的人比放下純粹跟自己不合的人還要困難，那是因為靈魂渴望著和善的決心。當缺乏和善的決心，人就會想回過頭解決它。

「那麼，把你的眼睛閉上，」我對這位和善的男人說道，「想像一位你未來將遇見的女人，你可以感覺到她，她會帶著一顆仁慈的心，深深愛著你，就像你付出的仁慈與愛。她會像蜂鳥和祖母們那樣愛著你。從現在開始，當你想到傷害你的那個女人時，要馬上把心思轉換到會愛你的那個女人。從心向外尋找，透過這個方式，你將會找到她。」

我知道他能實現這個潛能，這就是我找到雷的方式。傑克的心裡有偉大的愛，要投身在陰陽調和的創作藝術裡。

突然間，在我躺在陽台椅子上享受完美的愛，我感覺到這個男人和他的兩個祖母對我傳送好多好多愛，我哭了。這麼多年來，覺得自己不夠努力的感覺逐漸退去，我用真正的方式來幫助人。對於自己太疲累的種種怨言，也被沖散消逝，轉化成輕柔地包裹我的心的藍天，豐盛的養分填滿我的雙眼。許多美麗的靈魂在心裡帶著感激擁抱我，現在至永遠，所有的一切都會被照顧。

人類聆聽愛的時刻

我準備要進屋子的時候聽到一個聲音，一隻麻雀正好停在我的眼前。「你好，親愛的小鳥。」我說道。他看著我，再打理自己一番，我意識到我的工作還沒做完。

「我把這個訊息傳給我所有的引導者，以及我遇見的所有客戶的引導者：『你們被神聖之母所擁抱著，永遠被愛著，在你們的世界裡一切安好。』」我大聲說。

我聽見大聲的哀鳴，來自這個世間深處的嗚咽緩緩迴盪著。我像抱著小嬰兒那樣抱著這哭泣聲，用毯子蓋著他，一邊對他說話，一邊搖晃著。

「現在和永遠，你們都被愛著。聽好了，與他們聯繫，喚醒他們，請你們用任何能讓他們注意的方式吧！」我請求鳥兒們和靈，「幫助他們。」

「我們都盡己所能，現在是你們人類聆聽的時刻。」

我想起電台主持人瑪莎‧摩根（Marsha Morgan）在訪問時對我說，曾經有一隻老鷹到來，在距離她只有一呎的鳥浴盆內洗了個澡，他們立刻成為朋友。我感謝瑪莎，也感謝吉娜教授她的課程，這都讓人們能更懂動物。我們有這麼多人喜愛動物、熱愛生命，現在所有人都能夠理解這份愛。於是我全然投入在聆聽愛，鳥兒們朝向天空持續編織著愛。

感到滿足也能很容易

覺醒的鴿子喬納

喬納讓我知道釋放個體和整體的自我業力是件多麼容易的事情。內觀很好，那是一條很長的道路，路上的風景隨著你的執著，也許美麗，也許心酸……

在我這四十多年的生命裡，有一天，叫做喬納的鴿子坐在我肩膀上，輕輕對我說：「如果妳想要感到滿足，那就感到滿足，很容易的。」於是我發現，當我融入愛裡就能感到滿足，我只是忘記了。那束照亮在我無法滿足的心上的光，也是有滿足的源頭在支撐著。現在我的心融入這滿足的泉源，支撐著我回家。

鴿子喬納以六盎司重的開悟大師之姿出現在我面前，他不受到任何非光明事物的傷害，並且和光明的互動沒有界限。這麼多年來，我和許多不同的人類大師們近距離學習之後，我遇見喬納。在靜默中透過心，喬納帶我進入一個有永恆祝福、光與愛的地方。三年前我的貓傑西．賈斯丁．喬伊轉世的時候，我曾進入這裡，那時我記得進到一個只有一個時空的境界。現在和喬納坐在一起，腦中所有思緒消逝，我存在這無盡延伸的光、聲音、歡樂和狂喜中。

許多讀者們有幸聽過大樹在永恆中唱歌，如天使般合唱著搖籃曲，或著聽過森林樹木加入合唱的永恆曲調。在遇見喬納以前，我進入這種境界的經歷只是一種來了又去的恩賜，喬納讓我知道，只要專注於自己的內在，就能自由選擇待在這光的世界。外在來自於內在，而內在是由外在所構成。

喬納與神聖大地之母、耶穌、佛陀、天使和大天使們一起行動。「誰是你主要的導師呢？」我問他。喬納讓我知道他主要的導師是那無盡延伸的光，日月合一，愛永無止盡。

喬納對我說：「妳永遠都會在我的心裡。」我和他待在一起好幾個小時，我把他捧在大腿上，很靠近彼此。當我們身體分開時，我在遠處和他見面。喬納活在無所不在的永恆中。

連結光的本源

喬納幫助我了解，提升的最快路徑是連結自己光的本源。自從我們第一次接觸，我的日常生活在絕對的滿足、愛、喜悅與平靜中，就有了一連串美妙的覺醒。有時候我記得，有時候我忘記，而每次忘記都是一種邀約。生命邀請我面對更多的自我層面，並允許將它們捨棄，為了自我的出現，我向本源提出歉意，並為下一回無條件的體驗和自我的浮現做好準備。

喬納讓我知道釋放個體和整體的自我業力是件多麼容易的事情。內觀很好，那是一條很長的道路，路上的風景隨著你的執著，也許美麗，也許心酸。恩典即是人生中一條有如天堂般風景優美的快速道路，呼喚它吧！只要你呼喚，心即敞開，只要你向宇宙請求揚升，所有人都能夠得到。成為愛吧，誠實面對你內在非愛的一切，並將它們化解。

現在是即刻顯化的時刻，大師們教導我們無論專注於什麼，它都會顯化。我們的意圖透過高品質的練習變得更加豐富，當我們練習信任，生命會變得更可靠；當我們付出同情，生命即充滿同理。意圖的本質是什麼，會立即在這新生命裡馬上體驗到。自由地選擇鑽研自我執著、悲楚或充滿愛的光，你所經歷的就是那些選擇的映照。然而，在光裡，你和你的所有選擇都被愛著、被原諒，以光與聲音的形式存在著，永遠被神聖母親的雙臂擁抱著，也被像是喬納，合一的存有們支持著。

明白什麼對人類最重要

和動物老師們的問與答

「……人們呀，你們選擇了我們，我們也選擇了你們。聆聽你的心，永恒的白光在各處閃著，它就在你之中，你就是那道光……」

當我感到絕望、困惑或懷疑，動物世界裡的智慧就會把我帶回，信任絕對的愛、喜悅和平靜。每一隻動物透過他或她本身的靈魂感召來回應問題，也都有自己的觀點。下面的訊息來自願意協助這個過程的動物志工們，而我提出的問題是：「本世紀對人類最重要的是什麼？」

鴿子喬納

「很高興妳問我。白色的光、為鳥類祈禱。鳥把良善傳正在掙扎的人。坐好，仔細聽，這些聲音會把你導向那些指引。在心裡我們是自由的，答案都在我們的耳語中，寧靜時你會在空氣裡聽見。光是光，生命是光，當你完全了解我們的時候，你就自由了。純潔的光是真實的世界，就在這裡。」

貓咪傑西

「因與果。留意你的意圖，每一個念頭都反映在你創造的即刻實相裡，每一個挑戰來自於不斷重複的念頭。明智地思考以避免惡業。無條件地選擇喜悅、平靜與愛，就能達到即刻的開悟。去了解這些無條件境界能創造出有利的環境。當我們對你說話時，要信任我們。當我們打呼嚕時，或坐得很近，專心看著你時，就是要把訊息給你。當有貓咪在你身邊時，要非常仔細地聆聽你的心，這是他或她要幫助你達到你的終極目標：全然的滿足。」

狗狗黑炭美人

「喔！妳回來啦！人們呀，你們選擇了我們，我們也選擇了你們。聆聽你的心，永恆的白光在各處閃著，它就在你之中，你就是那道光。狗跟隨主人，因為真正的主人是信任與忠誠。我們會幫你，即使要翻山越嶺才能帶你回家。你們是我們的其中之一，我們也是你們的一員。」

鯨魚

「遼闊的合一，漣漪是奉獻的夢境。」

海豚

「來玩吧！人們，來跳一跳吧！金色的光芒即將轉化你。微笑吧！我們是你們的祖先，我們的能量會從內至外改變你。願意讓金色光芒沁入身體內的人們，我們為你歡呼。毫無疑問，是時候讓我們進入你的靈裡，我們愛你，我們在二元世界中遊戲著。全然信任吧，靠近一些，讓我們幫助你。你自我挫敗的慣性要瓦解了。為了不可思議的喜悅和嬉戲，你要盡情玩樂。放掉那些習慣吧！放下，好好去愛、好好去原諒、好好去享受，所有人做的所有事都將永遠被原諒。我們就在這裡，充滿歡樂地擁抱你。」

讓能量再次交會

鴿子們給予心理治療

莎拉和鴿靈向我展示如何飛行。甜美清澈的氣息洗淨這個身體，微風穿過我的肺部，我被淨化，並在清澈的能量中前進著，我感到煥然一新……

一隻很女性的全白色鴿子來到靈界。當動物存有非常靠近地出現在我腦中的影像時，我就知道他或她要來找我。這些影像總是輕柔地抓住我的心，帶我進入一種幸福卻又警覺的感受。當動物選擇來跟我說話，他的影像會先出現，然後他的本質馬上跟著變明顯。我能區分這種感覺和讓我自由發揮的夢境是不同的。當我自由地做夢時，我將動物們和其他指導者加入，他們會採納我的本質。不過，當他們來到我身旁，邀請我進入他們的夢境時，會明顯展現他們獨特的本質來讓我感受。

當有動物在靈界和我接觸以後，他通常會在幾天、幾個月，甚至幾年以後出現在實體世界。有一隻狗過來告訴我，他會保護我，也說會教我如何能夠把自己保護得更

好。我感覺到這隻圓臉、結實，棕毛中還夾雜些許黑毛的大傢伙就在附近，於是我到處問，看他是不是跟我認識的人住在一起，但是沒有人認得我描述的這隻狗。在靈界以外的世界，我到處都找不到他。

幾個月後，我跟雷一起散步時，我看見一隻狗，他深情地盯著我。這狗坐在離我有點距離的實體世界中，我立刻認出他的臉、身體和他的活力。真是令人高興呀！當我寫下有關這隻狗的同時，也感受到他的存在，這讓我感到深深的歡喜。動物帶來的課題不是都能用我理性的思維翻譯，卻帶我進入當下更深的狀態，進入喜悅，為存在感到全心全意的感激。

祈求更深層的淨化

有些在靈界迎接我的動物們告訴我，我無法在實體世界找到他們，但是在我此生結束以後，會與他們以類似的型態相聚，我們會一起在別的維度中。有些動物從遠方呼喚我的協助。通常我邀請所有化身為最深的愛、良善與最高教導的大師們來到我這裡。共修之前，我們先開會，家裡充滿許多來自海洋、地球和天空的存有們。早晨當我躺在床上時，一隻母鴿出現了。

「是我，莎拉。」

我聽錯了嗎？莎拉是一隻白鴿，她曾經是鴿靈大師的摯愛和靈魂伴侶。鴿靈大師在現任婚姻是喬納的父親，而莎拉短命，已經過世了。

「沒聽錯，就是我，莎拉。鴿靈和我在非實體世界中還有要一起處理的能量。」

雖然我無法完全理解，鳥兒們明確地告訴我，鴿靈和他現任妻子在加州的實體世界中有很深的連結，而莎拉與鴿靈在另一個無限境界裡也是結合的。

「跟著來吧。」莎拉和鴿靈向我展示如何飛行。甜美清澈的氣息洗淨這個身體，微風穿過我的肺部，我被淨化，並在清澈的能量中前進著，我感到煥然一新。有一個祈禱，祈求得到更深層淨化內心的方法，而這個祈禱在活躍的意識中得到了回應。

離開狂喜的境界，我回到辦公室，碰到一個無預期的治療狀況。我在辦公椅上睡著了，當我起身時，全身充滿負面能量。委託人在宣洩情緒時，那些情緒進到我的身體，敞開心胸的我卻接收過多。回到家，我去泡澡，但是水無法接觸到更深層的我。我抓著一顆好朋友送的石頭，睡著了。石頭和意念在我請求指引的時候將我淨化。此時，指引就在這裡，我的另一個祈禱被回應了。

在莎拉潔淨的能量保護下，我在心中飛翔。我就是空氣，不需要言語，好像鳥兒將穢物釋放在大地那樣，我放掉思緒裡所有的字句，而那些被釋放掉的，會被分解殆盡。為了感受那清澈的空氣，我放開思緒，變成空氣，鴿靈與莎拉就在身旁陪伴我。

一小時後，我又開始動腦，在思緒中快速旋轉著，失去注意力，頭暈目眩。我身體裡的能量正在搖搖欲墜，好像自己要逐漸消失了。

「這就是妳生病的原因，妳緊抓著不需要的能量。」莎拉解釋道。「當妳忘記專注在偉大的靈性之風，而專注在客戶的狀況裡，妳世界的中心就會搖搖欲墜，毒素跑進來，讓妳感到不舒服，反而不是感受與萬物的和諧。如果妳集中注意力在自由自在的和諧上，它就能讓妳好些。所以，好好重新專注，張開雙臂迎接風，感受妳是如何飛的吧。」

我感覺到靈魂在空中流動著，樹枝與我擦肩而過。我全然對生命感到奇妙和敬佩，深刻入骨。我很快就學習到這一課，卻也突然擔心鳥兒們離開時，我會孤獨一人。

鳥兒們在我腹中安住，就好像在樹梢棲息，他們向我保證：「我們永遠會在這裡陪妳，會永遠教導妳。」

運用課題的方式

下一個課題是如何與我的伴侶，雷，有更深切的和諧。當我們剛認識的時候，對彼此有強大的吸引力，讓我們自然成為合作的夥伴，能神奇地融入彼此，就好像我們是一體。如今在家裡，我們常常有個別的節奏，忙碌的日子裡，我們各自進行自己的計劃，比較少融入彼此。在家裡我們總是能感覺到彼此，因此所有的舉動裡仍然存在著一種深沉的平靜。同時，我也因為不知道該如何更常融入彼此而覺得沮喪。有時候我太投入在自己的事情裡，就忘了該如何與雷的能量共舞。

莎拉跟鴿靈把我帶到空中，我知道他們正在教我如何藉著內在覺知低空飛翔。當鳥想要認識一個人的時候，他就會飛得很靠近這個人，來感受這個人散發出的能量。鴿靈說，如果我用低飛的方式去敏銳地感受我和雷的能量，就能在想要的任何時刻回到與雷相聚的狀態。

這就是如何將鴿靈教的課題轉用在人身上，我專注在伴侶身上，感受他的能量，同時持續感覺自己的能量。再來，我靠近他，讓我們的能量自然地交織，找到融合的方式。一旦我們的能量融合得宜，如果我想要，也能做肢體接觸。這個練習可以在花園裡做，也能在對話時、做愛時、講電話時、打掃家裡時，和其他無數的情境下做，就跟我的老師們，莎拉和鴿靈教我的那樣簡單。謝謝你，我親愛的朋友與大師！這種心理治療真是快速、有趣又正面，完全是我的菜。這些鳥兒們是高度進化的存有，是光、相聚、和諧體驗二元的導師。

學會全然投入於當下

無私的貓咪席拉

我放下對於身體正在發生的狀態所升起的評斷與羞愧，在接受的時刻，調整的動作就會發生。我跟隨著席拉的引導，只專注在當下，我的身體就明白自己要做些什麼讓身體回到和諧的狀態……

我的貓朋友席拉是一位熟練的療癒師，就在我突然生病的時候，她毫無預期地來到我辦公室的靈域。上一次我們見到彼此，是在她位於加州卡爾斯巴德（Carlsbad, California）的家裡。

我吃了一個餐廳的捲餅，現在肚子抽痛到幾乎沒辦法站起來。我該離開公司，但我沒辦法開車，甚至痛苦到無法走到房間的另一邊打電話給雷。我試著強迫自己到廁所，我得吐出來，可是我不舒服到連移動都很困難，像是被鋸子插進身軀那般。忽然之間，我不再想著痛楚，不再明白這就是我所謂的「痛」，就只是如同這在我肚子裡的感覺，感受著、聆聽著、活著。我內在深處的微光正在感知著生命裡的波動，微光同時也感知著許多宇宙裡的許多存有，在心中照亮實相，讓一切明晰。

席拉教我如何全然投入在當下的身體裡，如此獨特的當下，「我」融入這廣闊的領會之中。身為人類，當身體做各種事情的同時，我也能存在思緒裡。我能去上舞蹈課，意識卻飄到夢境裡。席拉讓我知道把我的精神和身體分開來，對動物是沒有用的，對我也同樣沒有用。在野外，動物的意識如果不在現下的身體裡，他或她可能會沒命。

直到現在我才明白，全然投入於身體，當下的存在會融入實體的意識之中。世界由動態組成，每一個存有皆是一連串的波動，每一個靈魂皆是光的組成型態，產生光波，沒有例外。當我感受體內每一個細胞時，心中充溢著滿足感。在這個當下，沒有任何比全然安住在身體裡更充實、滿足的體驗。

讓身體回到和諧狀態

我喜歡愉悅感，但是在全然接納當下的時刻，痛楚和愉悅變得不再重要。任何存在與感受都是珍貴的。所有好或壞、更好或更壞、感到驕傲或尷尬的事，和其他對立的觀念都不重要了。只要擁有全然活在實相世界的充實感，就沒有什麼要批評的。藉由這個方式，我也同時在其他的維度裡活著、融化著。曾經以為的疼痛感，現在看來是一種阻力。少了阻力，感受即浮現；感受退去，就是純粹的生命。

動物引導大師都明白這些，他們的身體、心理和靈魂結合在一起運作，許多的思維運用在傳達這個結合的運作過程。

席拉把我引領進這個意念，結合身、心、靈的存在方式，其思維與目的就只是運用在每一個當下，不需要分析，也不需要解釋，席拉說：「知道當下需要的是什麼，就此回應即可。」

席拉持續引導我完全進入體內細胞，強烈的疼痛變成一種感受的經歷，既不是痛楚，也不是愉悅，就只是那樣，不好也不壞。我放下對於身體正在發生的狀態所升起的評斷與羞愧，在接受的時刻，調整的動作就會發生。我跟隨著席拉的引導，只專注在當下，我的身體就明白自己要做些什麼讓身體回到和諧的狀態。[1]

我像一隻貓一樣蜷在大椅子上，進入寧靜的沉睡之中，醒來時，感覺肚子有一種深切的寧靜。我從害怕自己因為劇痛而昏倒，轉變成感覺到體內的平靜、幸福和喜悅，而全部都發生在這九十分鐘裡。現在我更了解傑西幾年前胰島素問題發作的情況，他在幾個小時之內經歷了從草地上嬉戲到醫院裡的瀕死邊緣，又回到家繼續狩獵，整個過程他都保持在平靜之中。

喚醒生命的貓咪療癒師

過一陣子，我躺在席拉位於卡爾斯巴德度假屋的地上，當我和鴿子喬納一起聽音樂的時候，覺得自己意識有一點脫離身體，似乎不著地。席拉這次以實體形式再次靠近我，教我平衡能量。這是她主動提議的，她帶著年老的身軀，從室外一跛一跛地進來做無私的分享，而不是在太陽底下休息。她過來躺在我的腳上，身體充滿火熱的生命能量，把能量從我的腿往下傳導，透過我的腳底回到地面。

她只是知道要做什麼，然後以最無私的投入方式去做，席拉是一位擁有最強的直覺、正直的氣節與良好訓練的女醫師。

我持續享受愉悅，也明白痛苦跟愉悅在純然當下的境界中是相同的價值。我請求生命帶給我愉悅，那是我最喜歡的。當不和諧的狀況發生時，我也請求生命幫助我活在當下，讓我能療癒，而不是把狀況藏起來。

這些極端的情況並非是學習活在當下的必要經歷，卻非常重要。當我安住在當下，一切就如同本來那樣來了又離去，這樣就足夠了，一切都令人滿足。恢復過程是一種身體的體驗，作為人類，我們可以選擇把經驗本身與經驗者分開，可是這麼做並無法得到那些全然體會當下所能得到的和諧、滿足感與信任感。

席拉存在的方式很療癒，帶我深入生命的神奇、敬畏與信任。她感受當下的能力喚醒我，給我此刻所需要的一切。

---

1 註：請注意此分享的是個人體驗，建議發生健康狀況時，請醫生、獸醫與護理人員協助，我也有詢求這些醫療人員的幫助。

謝謝妳，女醫師席拉，對我來說妳就像一位祖母，妳是苗條又強壯的暹羅貓，在我最不預期卻最需要的時刻出現。當我感到生病或能量失衡的時候，妳來到我身邊。妳有目的地教導我療癒的課題，帶著不批判、不分析或不抵抗的視角看待疾病，像擁抱神聖母親一般地將病痛與人性擁入懷中。

連結自己神聖的本源

有如天使的貓咪史諾

當史諾把我帶回這種感受的時候，我內心充滿感激的淚水。她把一隻手掌伸向我，看著我的眼睛好一段時間……

史諾是一隻三磅重的小東西，她有純白色的毛、淡藍色的眼珠子、粉色的鼻子和淡粉色的耳朵，她神奇又神聖的靈魂，是天使般的存在。和史諾以實體型態碰面的時候，我想起小時候和人類玩伴們打招呼的那份信任感，以純真、無我的合一狀態迎接朋友們。那是好久以前的事，我已經忘記了。當史諾把我帶回這種感受的時候，我內心充滿感激的淚水。她把一隻手掌伸向我，看著我的眼睛好一段時間。我沒意識到自己一直在尋找這段靈魂的記憶，深層的渴望和完整的感覺在我心中相互融合。史諾教導我是神聖的，我們都是。她教我要完全專注在我神聖的本性上。這位細膩的貓大師生活在一座閃耀著優雅光芒的神奇宮殿中，她是位一直記得自己本源的天使。

在我於實境見到她之前幾個月，她以靈體來探訪我。第一次遇見史諾的靈體時是在我的辦公室，她靈巧又調皮地爬到我和客戶的身上，把我們身上僵硬的部位用歡樂和玩樂的喜悅替代。幾個月後我在實境中見到她，對她已經感到相當熟悉了。

改變生命的決定

史諾的家人解釋說，她對於許多人給她的抱抱和關愛有熱切回應。最近她的狗朋友查爾斯過世，查爾斯對史諾來說就像一位父親。史諾坐在查爾斯的墳墓上，把雙臂伸開，四天來不吃東西，就只是哀弔著。從此不讓任何人觸碰她，或稱讚她可愛的外表，只有家人可以，其他人則會被她咆哮以待。我問史諾這件事情，她說，以前人們會把她拉離本質，給予她很膚淺的動作跟交流。現在她拒絕做這類互動，人必須深深地進入自己純粹的魔力，才能與她共鳴。她對於要跟人在不充實的狀態裡互動是毫不妥協的。史諾對於這件事很投入，她邀請其他人提升自己到全然與本源和自己的天使連結的狀態。

我對這件事印象深刻，我太常遠離自己如聖殿般的本源去社交，然後無法感到滿足。我決定要安住在我的聖殿裡。做了此決定後，生命改變了，祈禱和冥想能更深入，生活裡只有祈禱、意念、釋放、感激和冥想，有些友誼變得更深厚，有些則淡去。許多時刻充滿奇妙。我被造物者支撐著，感到滿足，並散發出觸動人心、使人完整的愛。

讓語言成為共通的理解

鴿子與蜥蜴的重要表達

「我們一起在這裡，透過心來溝通，讓兩種不同的語言成為一個彼此都理解的共識。」

經過學習不同宗教的許多咒語複誦，我發現「呼」是普遍的一種。根據不同的文化，這個聲音帶有上帝、真理與愛的意義。

有一天我去鴿靈的家拜訪他和他的家人，我主動向他們說：「謝謝你們歡迎我，在這個有寶寶的神聖時刻讓我來到這裡。」鴿靈是一位聖人般的父親，時時刻刻照顧著寶寶。寶寶的母親是一隻充滿決心又專注的鴿子，當她聽到我這麼說便飛向我，自我介紹她的小名是小香。鴿靈轉過來面對我，他們兩位對我鞠躬的同時，不停說著：「呼呼呼……」，我深受感動。

那天稍晚，我和鴿靈的成年兒子喬納在一起，喬納鞠躬的同時，對著許多生命「呼呼」，甚至對著無生命的物體，這讓我開心地笑了。他對所有人、事、物都有著無條件的愛！我真愛他。

現在我想要在家裡走一走，邊鞠躬邊說著「呼呼呼」，也邊想著鴿靈、小香和喬納。我發現當我這麼做的時候，我會充滿歡笑與滿滿的幸福。白色的光芒在我眼前閃過，溫暖的愛穿透我的心，空氣裡滿溢歡呼的笑聲。我把「呼呼呼」唱誦推薦給所有熱愛喜悅和歡笑的人，當你唱誦「呼呼呼」的時候，也把你的愛傳送給世界，這就是「呼呼呼」的目的。

蜥蜴的美好表達工具

「妳能聽懂我嗎？我有聽到妳嗎？這是不是我想像出來的呢？」

雷和我一起散步時，碰到一隻小蜥蜴，我全神貫注在眼神交會，告訴蜥蜴我愛她。我陷入懷疑，問說：「我們真的有在溝通嗎？」

小蜥蜴快速走向我，她爬上我的背，陪我跟雷散步整整十五分鐘。語言是流水的河床，把我們全都連結在一起。我所說的話語，跟蜥蜴動作的語言，此刻成為共通的理解。兩顆心中泛著漣漪，感覺起來卻合而為一。這令人滿意的答案，讓我臣服在敬畏和豐滿之中，帶我進入豐盛的愛裡。我看著雷的雙眼，他的眼睛用不同的方式說著同樣的語言。對彼此的尊敬使我們停留在寧靜裡，在愛的語言裡。不論我說日文、英文或梵文，蜥蜴都能理解，並且清楚地溝通。

語言是一種美好的表達工具，身為和來自許多不同背景的人合作的治療師，我盡可能使用坐在我面前那個人最能夠理解的語言。有人聽到詩、比喻會感到為之一亮，有些人則比較習慣實際的事實。

我教研究所學生時，常使用因果的說法；跟律師說話時，語法會建立在「什麼被聽到或觀察到了？」的提問上；和熱愛哲學的人說話時，我喜歡思考的過程，不會定下最後的結論。我相當喜歡跟「老人」與「思覺失調症（精神分裂症）患者」說話，因為他們所說的譬喻，對我來說完全合理。他們以詩意的境界來表達人類的狀況。

語言和服裝一樣，裝扮是為了玩樂、有趣、美貌、藝術和連結。由於我們真正的核心是愛，在傳遞我們人類同樣重要訊息的時候，也能變換服裝和語言。蜥蜴的訊息既透明又響亮，「我們一起在這裡，透過心來溝通，讓兩種不同的語言成為一個彼此都理解的共識。」

不忘愉悅的頻率

成群起舞的黃蜂家族

黃蜂幫我重新找回這個感受，愉悅感就是專注在當下，再加上感恩的態度，且同時以震動的方式配合著環境……

在我們的家——隱密谷聖地（Hidden Valley Sanctuary），雷、傑西和我，跟一群黃蜂家族共享我們的陽台。這群黃蜂載滿音樂和光線，經常在我的雙臂和手上跳舞，從來不會螫我。然而有一天，我徹底忘記了生命的目的，很生氣地大步走上山丘，失去了連結，黃蜂也只有這一次螫了我。

我調升自己的震動頻率來配合小黃蜂的螫刺，使這個經驗變成一種愉悅的提醒。當瞬間即逝的感受從我的手中通過，我的身體感到警覺而震動得更快速，接收更多的光。我不是受虐狂，不喜歡疼痛。然而，當我提升體內任何一處的震動頻率，來配合正在發生的狀況，讓一切皆轉變成全然的愉悅，在一種深沉又開展的平靜中，狀況即刻離開。

感受流動的愛

我們的心智有一種被設定要躲避疼痛的概念，這其實會阻擋震動頻率。我並沒有很穩定地活在這個實相裡，我進入實相，有時候我會忘記要進入，有時候我會記得，有時候又會更深入。恩典將我帶進這裡，而我又再次忘記了，就這樣不停循環著。愈來愈多時候，我優先記得要停留在實相中。黃蜂幫我重新找回這個感受，愉悅感就是專注在當下，再加上感恩的態度，且同時以震動的方式配合著環境。這樣的愉悅感來了又立刻離開，在不去區分值得或不值得的廣大意識中，把二元對立的狀態合而為一。

我思考這件事，同時蹲下來摸摸傑西。傑西把手掌伸向我的嘴唇，等著要我親。「你是一個王子，所以一定要親你的手掌。」我說。就在此時，深沉的幸福感充滿我的細胞，被蜜蜂螫的事件在這個時刻注入新的感受，在身體裡震動著。酥麻的愛上下流動著，我融化在擁抱著我們的那份愛裡。

「是的，媽媽，我在這裡接收妳的愛。」

「我也是屬於你的，親愛的傑西。」這是多美麗的星球呀。傑西跟我走下山丘，漫步在神聖母親的晨間擁抱裡，知道我將永遠在這雙臂中被撫育著。傑西半閉雙眼，帶著溫柔眼神的微笑。我也半閉雙眼，感受我們之間的平靜。

別忘了要信任自己

蜂鳥喬亞亞和鴿子喬納給人類的話

「……上一秒已經過去，不值得再去檢視。不管發生什麼都要原諒，對你所參與的一切請求原諒。每一個當下都是完成奉獻、愛、喜悅和信任的門徑。對你的造物者有信念，而這造物者在此刻就是你。」

「只要相信人類會扮演好自己的角色，他們就會做到。」我的內心這麼說道。蜂鳥喬亞亞是我很要好的朋友，她在我面前震動著，我們兩顆心共享著同一份信任。

我望向天空，聽見：「妳在黑暗的戲院裡，寒冷的空氣圍繞著妳，現在，窗簾打開了，窗戶也敞開，太陽出現，陽光充滿整個房間。找到妳的夢想，去實現它，每一秒鐘都是全新的出發。飛吧，帶著翅膀的妳，家正在召喚妳。飛吧，所有神祕都會被解開，但要先了解妳自己。很久沒有回家了，而現在妳終於抵達。雨水會在適合的時刻落下，當妳需要雨水，就呼喚它，因為它就在妳身邊。我只是一朵雲，也是妳的心。」喬亞亞、雲朵和蘿莉，用同一個聲音說著。

喬亞亞飛向我，高高地飛到二樓鄰居的門廊，在花朵上喝水。早晨在期待之中，卻也同時感到完整。

「我們不會一直知道自己付出後所得到的結果，也不明白為什麼會在這裡做我們在做的事。我們最知曉的就是我們所愛的那些，所以，好好做自己，其他一切就會逐漸顯露。主導者並不存在，妳就是自己的老師。好好愛彼此，然後留一些空間給雨水。」我聽見雲朵這麼說。歌聲從我胸口溢出，而喬亞亞一起共鳴著。

生命的共同信息

「妳聽到了什麼？喬亞亞？」我問道。

「當雨水降臨時，信任它，並且知曉它何時到來。」她回答。「雖然現在是晴天，沁涼的海風立刻把我包圍，在溫暖的天氣中感到空氣的涼爽真是舒服啊！真喜悅！」我的小小朋友說道。

「不要害怕這個世界的引誘，對妳招手的誘因正好是妳生命中欠缺的，妳需要的，接受吧。這是世界真實運作的方式嗎？親愛的女孩，好好做自己，妳就能靠在神聖母親無盡的懷抱中，在那裡，地球、星星和天空一起唱著甜美的搖籃曲。用自己的方式找到回家的路，慢慢地遇見與妳共振的人。我們都要回家了，沒有人是錯的，大家都是對的。學習妳本來的語言，妳的母語。當需要的時候，雨水就會隨即降臨。」配送我家飲用水的服務已經晚了好幾週，但在我聽到這些話的時候，就看見卡車從山丘下駛來。生命真是奇妙。

「還有什麼是我應該了解的嗎？」我問生命。

「安住著，坐穩，仔細聆聽，要知道妳在許多世界、許多地方都活著，而那些所在以前就已認識妳了。那麼，好好地坐著，感受、聆聽、看見，就只要專注在這些熟悉的行為上。」

喬亞亞朝我過來，但是不像平常靠得那麼近，卻也沒停住。她往上飛到橡樹群上的枝葉，停在那裡。我由衷請問她，是否有什麼要分享給我的。

「渺小的我，已經回來了，回到這個世界了。牽我的手，一起飛吧！」她飛得更高，在上面盤旋。

「過來，不要走，繼續朝我這過來！」

即使今天我陶醉在愛裡好幾個小時，忘了吃東西，仍然感到被滋養。原來已經下午了呀。我充滿能量，感覺自己存在於其他世界、其他境界中，陽光立刻浸透我，給我所有需要的養分。

「別急著用言語表達，先回到妳的本源，沉浸在光所給予的。和人們一起成長，但別把其他人當成妳的本源，而是要學著和他們一起快樂地生活。每一個人都有獨特的天賦，也傳達著同樣的信息：愛！」

生命是相應的串連，白日摟著空氣，空氣擁抱鳥兒，鳥兒吱吱叫，用這顆心唱著歌。生命就如同她本身那般充實。

此時此刻的存在

我走進室內，上樓安靜坐著。鴿子喬納以靈體出現，邀請我去一個新的境界。我看見他美麗的白色身體，他的臉正在左右看著。他全然信任我會跟隨他，帶我去一個地方，位於他和我的內在。我們就在所有人的內在之中，這裡明確地只有對的、正確的，沒有語言，沒有時間，但我盡可能用言語來描述。

「你再也不需要責怪任何人，也不會對任何事感到失望，因為一切都是對的。當你責怪他人，對他們的回應感到失望，那是因為你暗地裡害怕你錯了，是你的錯。簡單來說，你以為自己有什麼地方錯了。你的一切，任何人的一切根本都不會錯。每一刻你都存在著，不會有錯誤的。」

「如果有人對你不好，就像把臉上的蒼蠅輕輕刷下。不論其他人說什麼、做什麼，就算是有權威的人士，不只是政治人物，還有那些擁有完美靈性而超越他者的人，你只要接受，在此刻他們覺得自己就是這樣。他們不完美的人格需要你的慈悲心，你不完美的人格也同樣需要你的慈悲心。不需掛心任何人做的任何事，對你有利的是在每一秒鐘裡，你如何回應生命。上一秒已經過去，不值得再去檢視。不管發生什麼都要原諒，對你所參與的一切請求原諒。每一個當下都是完成奉獻、愛、喜悅和信任的門徑。對你的造物者有信念，而這造物者在此刻就是你。」

送給自己的一份禮物

金色的液體從我頭頂倒入，流過喉嚨到心輪，到太陽神經叢、臍輪、海底輪。我深深著迷，有如高潮般活著，我是充實的，同時也感到期待。徹底地在我的身體和意識中，我是位愛人並且被愛著。我是屬於一切意識之中的一部分。

那天晚上，雷跟我去外面吃飯，我看見每個人的臉有多麼可愛。注意到收銀員的微笑和他穿的橘色上衣，上面寫著「我是南瓜派」，我把它翻譯成「來愛我，沒有關係的！」他真有勇氣穿那件衣服呀。

我對其他物種所擁有的厚愛，現在也轉向我自己的物種：人類。不論那些讓人類害怕彼此、不信任彼此、侵犯彼此的是什麼，現在都被原諒了。我覺得送了自己一份禮物，而我在收下時變成了那份禮物。

當晚我在淋浴時，好幾個人飛過我的心，隨著每一位的出現我都感到愛。那些我欣賞的人、愛我的人、透過反應讓我傷心的人、被我傷了心的人，都經過我的心中。給予他們的是愛，現在一切都沒事了，我再次愛著所有人，融化在這充滿愛的心裡。

記得在我還是青年的時候，自己曾有過這些感受，可是許多狀況和幻滅感把他們消磨殆盡，直到我只對於動物和其他維度的存在再次有了這些感受。現在這些感受不具任何期盼地湧入我，而這就只是單純的愛。

「如果我忘記了怎麼辦？」我問喬納。

喬納給我看一幅影像，有一隻小鳥沉到籠子底。我知道如果我忘記的話，那隻小鳥就會是我。「請選擇要記得。如果妳忘記的話，跟我來，我就在這裡，很容易的。」他相信我，所以我也相信自己。

第二天早晨，喬亞亞來拜訪傑西跟我，當我們愉快地坐在山丘上，她在我面前震動著。一直都有振奮人心的協助來到我身邊。

讓包容成為新典範

如太陽般無私的犬類朋友

狗兒不會離開崗位，他們保護著包容的力量，不論他們的身體在哪裡，正在做什麼，他們都是被包容的。狗兒清楚明白包容性是一種內在的狀態，而太陽也明白……

我坐在家中二樓的陽台，窩在高高的鳥群跟橡樹枝中間。在這裡，我思考著太陽如何日復一日地堅守崗位，遠遠超越人類的生命長度。她沒有週休，也不能在下午離開工作去健行，或去健身房運動。她不能到新的地方旅行，來些變化、度個假。她不能啜飲檸檬水，躺著看夕陽。她的瑜珈就是她每一刻的存在，是她的生命、她的祈禱。她就是自己所冥想的。服務是她生活的方式——每一刻都為大家發光。

最急迫的問題是：她如何感到被愛和被接納？她永遠在值班，不停地服務，永遠被所有人需要。她不能去朋友的家吃晚餐，享有一點私人的神聖時刻、不能和伴侶做愛、不能參加團隊運動。她孤單嗎？她是所有朋友們、所有結合、所有隊伍中的長者。

我融進她的意識裡，發現在她之中一切生機盎然，那裡美好又豐盛，和我們大家一起發光、移動著。

雷了解我對於太陽的持續關注，我經常重複說這些引起我興趣的問題。「妳對這個問題很有興趣喔。」雷充滿愛地說道。我的想法帶領我變成現在的自己。在太陽的善意之下，波浪悄悄湧入，且平息在溫暖中。下方處的小溪流載著歡笑，邊吟唱邊散發微光。

被包容的請求與希望

許多早晨，傑西・賈斯丁・喬伊透過窗戶跟松鼠們對談，下巴發出喋喋不休的喀喀聲，就像松鼠一樣。當他最早住進這個新身體的時候，傑西的尾巴細細的，上面掛著長毛。現在他的尾巴長得飽滿又蓬鬆，就像是松鼠的尾巴。傑西很驕傲又充滿自尊地把尾巴翹高。而我好奇，有一隻尾巴，這種脊椎的延伸，是什麼感覺。

傑西知道在所有情況裡感覺到被愛、被包容的關鍵，太陽也知道。傑西能成為人類家庭的一份子，也能跟松鼠說話。有一天，隔壁的一隻小貓不請自來，到家裡想要攻擊傑西，她大吼大叫，挑釁傑西，然而她是一隻只有他三分之一大小的貓。傑西平穩又充滿同理心，用仁慈與和善陪伴著這隻小貓，用充滿關愛跟耐心的眼神看著她，知道這樣的愛可以安撫她的不安。小貓在溫暖的愛裡變得放鬆，也釋放了一些恐懼。

雷對此感到很吃驚，把傑西改叫做佛陀。我的客戶們經常告訴我，他們聽見傑西跟他們說話，充滿關愛地引導他們，即便他們不習慣聽到動物說話。我的助理，肯，叫傑西「巴巴」，傑西是我認識最可愛的巴巴了！

太陽獨自地工作，在豐厚的充實感之下和深層的臣服之上，讓我覺得她有一點孤單。即便有許許多多我愛的人，他們也愛著我，有時候仍然在自己做的事情上感到孤獨。「我不要再被排除在外了，如果有誰知道包容我的方法，現在來幫我吧，我就在這裡，我準備好了！」我說道。

接下來好幾天，狗狗們開始現身。

間接給予保護

我在後陽台花好幾個小時冥想，把榮耀獻給所有的動物們。「我邀請所有的動物，那些具有最崇尚的意圖和最深愛的心，來當我的導師。」

在一年的時間中，他們以長長的隊伍來到我這裡。狗狗們經常出現，有些來到我的陽台，有些在我散步時跟著我回家。因為有好多隻狗跑進來，我開始把家裡的滑動門關到只剩下讓傑西能剛好鑽進來的一點點縫隙。

狗狗們有一條通往我心裡的祕密通道，不論我心中在喋喋不休著什麼，他們在那裡開心地跳動、吠叫跟玩樂。狗狗們知道在那裡，他們跟我是一樣的。

有一天我在講電話的時候，感覺到一個充滿肌肉，短毛的大身體貼在我的背上，我跳起來。那不是我那隻像毛球般柔軟的貓，傑西有十一磅重，但這個感覺是一個很大的體型！我轉過去，發現一隻咖啡色的拉布拉多跟獵犬的混種狗兒，跟我的體型差不多大，他用充滿愛的眼神看著我。「我回家來看看妳，姊姊。」他活靈活現地對我說道。

當有狗來家裡的時候，傑西學會一種神奇的超能力把戲，為了避開狗兒，他會從比較低的一層往上跳六呎到較高的那層。他幾乎要跳上去了，卻開始往下掉，因為這次跳躍沒辦法讓他跳上六呎那麼高。可是不知為何，他在半空中將身體再往上移動一呎，然後抓到層板，像是拉單槓那樣把自己從木頭欄杆撐起來。現在傑西一天會很開心地做這件事好幾次，有觀眾看著，他會更起勁。這隻狗促使傑西找到新的趣味，讓他學到新的技能，如果土狼再次出現的話，也能自救。狗狗們也算間接地給傑西保護。

我照著這隻狗項圈上的地址護送他回家，他又跑來，我再送他回去，這個戲碼重複上演了兩次。這一天發生的事情讓我笑個不停，帶給我令人滿足的幽默感，也滋養了我的核心深處。

熱情地一同參與

一個月以後，我在家裡舉辦一場講座，有人帶了一隻和善的狗，他的名牌上寫著

「巴別塔」，是一隻大又強壯的友善母狗，毛色猶如黑炭。傑西想要到客廳加入我們，但覺得進來不太安全。「這是我家貓咪的領域，他要感覺到放鬆和舒服才能幫助我教學，麻煩妳把狗牽到外面。」我解釋道。

「我以為巴別塔是妳的狗。」艾拉說。

「不是，巴別塔跟你們其中一人一起進來的。」

結果，巴別塔幫她自己報名了這場工作坊，和大家一起入場，主動參加每一個活動。我熱愛動物的助理讓她進來，而我居然以為她跟某人一起來的。她有一個大膽又喜悅的靈魂呀！

狗兒們持續來拜訪我。有一次我自己去夏威夷旅行，獨自到森林裡健行，在森林好幾哩的深處遇到一個男人，讓我有一種不安的感覺，知道自己並不安全。突然間，有兩隻狗跑到我的兩側，陪我一起走著，直到那個男人遠遠離開，而狗兒像是家人那樣伴隨著我。我不知道他們從哪裡突然出現的，當我們離開健行步道，我用手機撥打他們名牌上的電話號碼，對方很驚訝，他們跑到離家好幾哩之外。這兩隻狗兒解釋，對他們來說，這樣的旅程沒有什麼好奇怪的，這就是他們的職責。

開心與無私的陪伴

另一隻進入我生命的狗叫做特洛伊，是一隻一百四十磅重，香草色的傢伙。我在

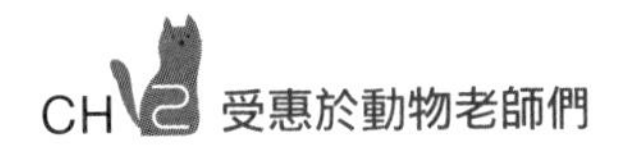

家附近的步道上遇見他，陪我走好幾哩。在我們回到社區的路上時，我才知道他的名字。有一輛卡車停下來，車裡面的男人問說：「那是特洛伊嗎？」

「他名牌是這麼寫的，他應該是你的家人吧？」

「不是，他是我們的朋友，我們有三隻狗，特洛伊經常過來我們這裡。」

「你想要帶他走嗎？」

「不用，他很熟悉這裡，他很快會再過來看我們。」

我回到家裡發現更多隻狗。

「該回到外面了。」我對這些訪客們說道，但他們就只是躺著，幾乎像是在打呼嚕那樣。有一次我在睡午覺的時候，聽見狗甩動項圈的聲音，我抬頭看到另一隻狗在臥室裡。

我覺得最可愛的一隻狗叫做布朗，他有看起來像是非裔人的捲髮，但他不是貴賓犬。他比狩獵犬還要大隻，一隻眼睛是咖啡色，另一隻則是藍色。布朗很愛在我跟雷在社區散步的時候跳出家裡。他喜歡跟我們一起走著，不停地跑向我們，超越我們幾呎，再若無其事地望著遠處，好像他不是最興奮的那個。他跟我們一起散步，走在我們前面十呎，他對於有人陪伴感到相當高興，卻又努力表現出一副冷靜的樣子，就像是男生不想讓女生知道自己有多渴望約會。我很喜愛布朗，他愛上布萊姬的時候，我為他感到非常高興。布萊姬是隻精力過剩的狗兒，住在半哩之外，布朗每天都會固定走到山丘下去看她。

還有一隻跟我非常投緣的狗，是一隻住在這條街上的大傢伙。見到他本人之前，他先把自己的影像傳遞給我，說他會保護我，教我保護自己。第一位對我分享高度敏銳和無私的愛的，就是這隻狗。他不像其他狗直接跑進我家，頑皮地挑戰我的界線，反而讓我知道，他會在那裡教我，和我連結。我能感覺到他有如父親一般的存在與我同行，我對他全然地尊重和敬畏。

如家人般接納

我們在夏威夷的摩洛凱島租一間小屋，住在隔壁的狗，黑炭美人，不管我在哪裡，他每天都給我很棒的陪伴，帶我進入新的境界。他在海洋裡保護我，伴隨我感受那滲透我全身細胞的神聖能量，也幫我尋找住在海裡的夥伴。他肯定地告訴我狗是無私、神祕、有耐心、仁慈跟給予保護的英雄。在我進入狐猴的領域裡，黑炭美人就會出現給我指導，我離開那裡，他就會離開，是一個很棒的老師。

我在「掌和爪動物關護所」（Paws and Claws Sanctuary）認識肉桂跟查爾斯，我一遇見他們，他們就把我當作家人。這兩隻小狗就像歡迎老朋友那樣迎接我，而他們馬上容納我的感覺讓我印象深刻。在這個關護所裡的動物超過五十隻，大家需要一些介紹和一點時間來認識、熟悉彼此。這兩隻狗兒完全不用，他們直接跳向我、親吻我，好像我們已經認識好久了。

狗兒讓我找到一直渴望被包容的感覺。有一天，特洛伊又獨自在外面，我因為擔心他會感到被排斥而覺得有些傷心，可是傑西需要把家中領域完全留給自己。特洛伊告訴我，他覺得自己是全然被包容的，是完全在被包容的範圍之中；如果我們排擠他，他會去別的地方，不帶仇恨，沒有怨恨，也不是害怕被排斥，純粹因為喜歡自己，和自己相處得自在。他告訴我，他是所有自己曾接觸過的一部分，就像太陽。他活在包容之中，所以很自然地，他的腳步會跟隨著他的動機跟選擇。待在外面並不會把他跟我們分開，他持續包容的意圖把他帶到充滿包容性的情境裡。

「不管我在哪裡，我都是所有家族的成員之一。」他解釋道。我們的心一起跳動著，無論在室內或室外都不會改變。我發現這是真的，不論是什麼樣的心情、角色、外表和動機，我的心跟所有人一起跳動。

與生俱來的信念

我躺在床上充滿同情心，覺得自己有這麼長的時間帶著排斥的能量，然而，這股能量將它自己轉化成包容的能量。在那個時刻，我確信任何人都不能改變我這個感受。狗兒不會離開崗位，他們保護著包容的力量，不論他們的身體在哪裡，正在做什麼，他們都是被包容的。狗兒清楚明白包容性是一種內在的狀態，而太陽也明白。可愛的太陽曾經是我投射孤獨感的對象。

那一刻我選擇要當被包容的，並且感到廣大、溫暖的太陽從臥室的窗戶進入，貫穿我全身，我的內在深處和全身上下都是被包容的，這也是因為我的選擇而自然延伸至此。狗兒對於這份愛、這樣活在行動裡的呼吸是以完全的忠誠來跟太陽一起移動。

在一場派對上，臘腸犬皮皮過來告訴我他需要一扇新的門，我轉述給皮皮的家人，隆。隆以前完全不相信狗能溝通，後來就相信了。皮皮因為年紀大，他的腿比較沒有力，沒辦法走出狗舍的門，有一天他就撞到門了。我不可能知道這件事情，除非我聽皮皮說。狗在人來人往、有需有求之中有辦法能夠包容大家，皮皮透過我把自己延伸到隆，隆再分享給他的太太喬依絲。包容的行動就像關愛的溫暖那般，在一個接著一個人之間移動、散發著。

我走到室外獨自坐一會兒，太陽幾個小時之前就下山了，我卻在這寒冷的夜晚感到神奇溫暖。太陽把所有在地球上的生命納入她的生活裡，也持續地包容自己，完全不用改變自己，不用改變行程或路徑。生命在她之中是完美的，因此，她能為了自己的天命，輕鬆地保持在同樣的道路上，走過好幾個世紀。狗兒以包容的態度分享這個信念，而這是他們與生俱來的信念，並不是被創造出來的。

暮色蒼茫，蟋蟀歌唱著，我的視線看不見其他人。雖然單獨，卻不孤單，我仍然感覺被包容，融入黑夜裡。狗帶領我步入包容的狀態，在任何情況也能用餘燼溫暖我的心。無條件的包容成為我的新典範，與其他人之間的那道牆不再是界線。我沉浸在這感受，而平靜滿溢著夜晚。

體會相互合作的價值

充滿關愛的土狼一家

對我說話的這一對土狼夫妻充滿了愛，我感覺到他們跟小孩在一起，感覺到他們對我的愛。而我的愛和他們的愛是相同的……

我們將新的計劃付諸行動，我告訴傑西他每天早上八點可以去外面。只要早上八點鐘一到，他就走到門口喵喵叫，抓一下地墊。傑西從來不看時間，卻有無懈可擊的時間感。我在家裡頭來回走動兩遍，用腳發出一些聲音，讓住在外面的土狼鄰居們知道有人類在這裡。我唱幾個音調，溫暖地宣示我們在這裡，這是我們的領域。

我沒看見土狼，但我知道他們就在附近。昨天土狼獵殺了三次，他們獵殺的時候會以大聲吼叫來慶祝，整群土狼共享獵物。吼叫聲愈來愈接近家裡，我在家走動兩圈之後，對著山丘裡的土狼唱《河流，請給我和平》（Peace I Ask of Thee Oh River）這首歌。我看不見土狼，但我能感覺到他們，他們也感覺到我。

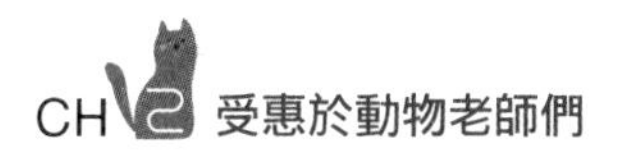

傑西跟我整天透過心和感覺連結著彼此，有一種超越我們的感覺像是磁力般把我們牽引在一起。當我呼喚，他就會跑過來；當他呼喚，我就過去。我們約好至少每二十分鐘就要聯繫一次，是我們家實行連結的方式，且用這個方式持續生活著，為此我也感謝土狼教我家族相互合作的價值。在三度空間的生活裡，實用的技巧就和意念同樣重要。

使人印象深刻的先知先覺

鵪鶉媽媽和鵪鶉爸爸棲息在山丘上的一塊木板，我從窗戶往外看他們，他們也看我。他們充滿警覺地坐著，頭上下左右地轉動，鵪鶉寶寶和其他家族裡的鵪鶉在地面上吃飯。過了十分鐘，他們突然間飛起來躲到木板後面，此時整個鵪鶉家族都已經飛走了。再三秒鐘，有一隻老鷹俯衝過木板，剛好錯過抓到一隻鵪鶉的機會。鵪鶉家族現在很安靜。

鵪鶉們有精心規劃的策略，昨天被潛在的掠食者威脅，整個鵪鶉家族一起放聲大叫，媽媽、爸爸跟其他鳥類在果樹上緊守崗位，持續半小時發出大聲響。鳥知道什麼時候該發出聲音，什麼時候該安靜以保平安，他們帶著警覺團隊合作。

我愈常跟傑西一起去室外，他也就讓我印象愈深刻。他知道什麼時候該躲起來，比我更早聽到其他的動物，也知道他的爸爸什麼時候到家，早在我聽到車聲以前就跑去門邊。傑西很會藏身，正面看起來很隱密，從後面也看不到他，就連上空也是安全的。他在對的時間找到對的躲避處，當有人在樹林裡走動，上層陽台沒有人，只有蜂鳥的時候，他就去那裡；當土狼靠近家後面的時候，他就待在前院。我們一起在喬亞的灌木叢那裡曬太陽時，他就小心翼翼待在我背後。

傑西可以從很遠處聽到我的聲音，即使門窗緊閉，我在家裡輕聲說：「親愛的寶貝！」輕到在走廊上也聽不到，但傑西立刻在山丘上的遠處轉頭看我，然後跑向我。我坐在鄰居家室外的樓梯下面講手機時，突然有一個小小的頭出現在我的正上方。我坐在土地上曬太陽，有一個帶著小鼻子的小毛球從我雙腿中間跑出來，兩個眼睛往上看著我。傑西讓生活充滿樂趣！當我在辦公室時，他會出現在窗戶上的木板，偷偷往裡面看。

活在當下的平靜與喜悅

我逐漸明白這個小傢伙能教我所有我需要知道跟生命有關的，和所有我願意學習的事情。他知道光暗自地存在天地間。有一個這樣的老師選擇每天跟我住在一起，真是三生有幸。他在許多方面比我領先，卻對我有無限的耐心。不管我在半睡半醒、渴望學習，或是警覺的狀態，他總是充滿著愛、同理，我願意走多遠，他就帶我走多遠。對於我的生命進化，他並沒有給我壓力，也不賦予期待跟附加條件。傑西誨人不倦，讓我打開自己，信任自己的能力，用自己的速度來開展和覺醒，他是我的典範。

傑西在最單純的事物裡找到快樂，他最喜歡的室內活動之一是推開廚餘桶的蓋子，翻出一根玉米棒，挑一顆玉米，拔下來慢慢品嘗。我曾經用盤子裝給他吃新鮮的玉米棒，但是他比較喜歡這樣的冒險。傑西充滿好奇地看浴缸裡的水從排水孔流掉，看印表機推出一張紙，看正在運作的傳真機，他帶著好奇心和滿足感面對每一刻正在發生的事情。

如果所有人都活在當下的內在平靜和喜悅，複雜的政治選擇會成為必要的嗎？還是會讓外在世界的和平自然流動？傑西並不跟我討論和平的策略，因為他本身就是和平的策略，並且擁有我的最高敬意。

當傑西在我身邊時，我被帶入不同的意識狀態，和其他動物、元素和靈性老師互動。傑西是我連結他者的管道，如果雷在附近，這種魔法會加深，會生根再擴增。我們一起寧靜地把新天堂境界帶進來，我們也需要彼此來經歷這種家中特殊的體驗。

付出實際行動

我是龐大動物永續生命體的一份子，蜥蜴、蟾蜍、青蛙、蜂鳥、土狼、鹿、蜜蜂、花朵和樹木，我與他們住在一起，並且透過他們覺醒。想要跟土狼有愈來愈多接觸是因為我想要保護我的貓。如果你的鄰居想吃掉你的家人，你會怎麼做？抗議是沒有用的，請願也不會被聽見，而且，就算我這麼做了，我到底在跟誰對抗？我必須付出實際的行動。

坐在土地上，我對鄰居們祈禱：「請成為我的朋友，請尊重我寶貝的安全，尊重我需要他安全活著，跟我一起生活很多很多年。」

「靠近一點，妳是強壯的。過來山丘下的樹林裡。」我感覺到他們的回應。他們對我揮手，我的一個內在聲音說：「去找他們吧。」另一個聲音說：「醒醒吧，妳不可以就這樣跑去找一群土狼，除非妳完全了解他們的語言。」

土狼不是會怒殺的惡毒殺手，他們也想跟我一樣地吃飯。「我們跟妳的種類一樣，我們其中一些是上帝的愛人，我們珍愛家庭，我們之中有非常仁慈的，有慷慨大方的，也有比較自私的；有比較勤快的，也有比較不是那麼強壯的。我們團隊合作，注重家庭，以群體為居，有些一直都住在這裡，有些獨自漂流一段時間。我們跟妳的種類一樣有很多類型。」對我說話的這一對土狼夫妻充滿了愛，我感覺到他們跟小孩在一起，感覺到他們對我的愛。而我的愛和他們的愛是相同的。「我們住在山丘下的樹林裡，知道妳的存在，我們是妳的鄰居，過著我們自己的生活，就如同妳過著自己的生活。」

「可以請你們不要靠近我摯愛的傑西嗎？可以拜託你們就讓他安全地和我一起待在這裡嗎？」

「不要越線到我們的領域，我們就不會去妳的範圍，遵守共同的界線，叫傑西待在他的那一邊。」

這讓我感到困惑了，一開始我感覺到自己被邀請去山下，可是當我的心愈來愈靠近土狼們，反而不確定自己明白他們的意思。我要傑西每一刻都必須待在我身邊，也對這裡的住戶說：「我帶著和平過來這裡，我絕對不會傷害任何帶有仁慈心，住在這片土地上的人跟動物。請尊重傑西是雷跟我摯愛的兒子。」天使和大地也受到我的請託來幫忙。

用虔誠的愛圍繞著

第二天早晨醒來，我感覺身體裡的陽光強烈到幾乎要把我推到山下，然而，也感覺到另一股拉住我的力量，我得學習全新的東西。而傑西跳到床上，喵喵叫。

我們在室外時待在彼此身邊，傑西小心地向下望著山丘。我放眼望去只看見一片森林，但是傑西能看到更多，他要我們待在家前面的另一側。我們換了一個新的冥想地，我感覺到一隻公土狼的靈魂和我在一起，他非常溫柔，充滿了愛和溫暖，願意跟我做朋友，願意教導我。

「妳不必下山來跟我們求和，要知道妳的靈已經在山下了，如果妳帶著身體過來，不是所有土狼都能理解，能對妳溫暖友善。如果我帶著身體在妳的社區走動，所有人能理解，並且對我溫暖友善嗎？土狼外在的生活方式是可以了解的，但妳得仔細地學。

如果妳想學的話，那也是之後的事情，對妳現在的學習並不是那麼必須。先了解內在的方法吧，認識我們以分享給妳的族群，這樣我太太跟我會用愛圍繞著妳，因為我們是妳，妳是我們。」

原來我對這敏感又充滿愛的動物族群充滿誤解，他們是一夫一妻的物種，跟伴侶一起養小孩，和大家庭一起生活。如果母親不在了，父親會繼續將小孩養大。這些對我說話的土狼們是充滿關愛的動物，是和平的動物。我得更完全地感覺我自己的家人傑西，和我的伴侶雷。土狼們是我的引導者，他們虔誠的愛環繞我們，而我們全都在神聖母親的臂彎裡。

踏上回家的路

我和傑西坐在一起，深深感受著土狼的溫暖。傑西跟我待在一起，而不是去走平時早晨走的路線。我們在新的學習階段，學習調頻，我得學著隨時知道傑西位在哪裡、在做什麼，也要更深入去感受雷的內在頻率。

「我能帶一點食物去山下，這樣你們可以保證不會傷害傑西嗎？」

「帶食物來很貼心，我們歡迎禮物，但我們靠自己打獵過活，打獵幫助我們學習警覺、機靈和團隊合作精神，這是我們的生活方式。妳的祈禱一定會被聽見，要知道妳在這裡，我們也在這裡，妳的願望會被實現，妳會一直被愛著。」

「傑西會安全嗎？」

「會，親愛的，傑西會一直很安全。摩爾媽媽，讓傑西待在妳身邊。妳的祈禱被回應了，妳的願望也都成真了，我們尊重妳，尊敬妳的方式。」

我問其他靈性引導者提供保護的最好方式。

「把愛放在最前面，智慧第二，實用的工藝技巧第三。在這個世界和下一個世界裡，好好地舞動妳的心，一切都會來到並給予妳。我們並不是方法，我們只是引導者。」

「那方法是什麼？」

「是接受妳的上師的那份特別待遇。」

「誰是我的上師？」

「妳就是。是我，妳的國王，我透過妳來聆聽和說話。」傑西在走廊上伸展自己，他把雙臂張開，一派輕鬆。

「傑西，你是我的國王嗎？」

「我曾經是妳，妳也曾經是我，但真正的國王在這裡，他在每一處，金黃聖殿的大門現在敞開，妳的國王就在這裡！現在妳可以回到家了，用妳自己的方式、自己的風格，一起回去或是自己回去。進去吧、進去吧、進去吧，大家都在這裡。」

「怎麼去？」

「只有一條回去的路，親愛的，現在就回去，去就對了，這是妳的特別待遇，妳的權利跟命運。」

「謝謝你。」

「不是的，時局已改，好幾世紀以來我接受妳的讚美，現在是換我感謝妳的時候了，我們現在是合作夥伴。」

我閉上眼，看見美麗的紫紅色和彩虹色，盡我所能想到的樣子充滿著我。我喝下色彩，感覺飽滿。

所有愛與萬物的交會

「我是妳的父親，而妳的父親住在妳之中，就是我。」有一個男性的聲音這麼說道。他是土狼還是鳥？我感覺到這兩種動物。

「繼續聆聽，親愛的。」現在是一個和善的女性聲音，她是土狼還是鳥？我分辨不出來。所有愛人跟被愛的聲音合而為一，「繼續聆聽，親愛的，這旅程不再是繞圈比賽跑步，終點已經到來，終點就在起點之中。」

我繞著家走一圈並看見一朵紫紅色的花，於是我明白是誰在跟我說話了。土狼教我要穩穩地在地上，他們建議我把家蓋在結實的土地上，在那裡，花朵以潔淨的愛洗刷意識。我感覺自己提升到光的介質中，這是我長期的老習慣。

席拉，那隻充滿智慧的暹羅貓，跟吉娜結合。席拉是史諾的導師，也是我親愛的老師，經常在我要學習的時候以靈體出現。她來到我這裡，把我從腳踝和腿部輕輕往上拉起來。大家都在幫我，不知道小喬亞亞在哪裡，她小小的身體和可愛的鳥喙活在我之中。愛從我的內在升起，漸漸成形，帶我去新的地方，儘管我的身體仍然在這裡。

我往上看，意識到一切萬物，所有的愛，此刻全都在這裡。這樣的知曉是透過我自己所得知，這個意識以充滿愛的雙臂擁抱著我。我的心智無法支撐，我的靈魂卻能清楚感覺到溪水穿過了我，解除好幾輩子的乾渴。

「這是我們的祕密，現在也是妳的祕密。」慷慨的土狼家族輕聲說道。

用任何方式提供協助

散發祥和的花朵們

我經常看著我的客戶們，注意到他們迷失在自己編造的夢裡，那些根本不存在的心理問題，而這心理學當道的時代卻要他們相信那種製造出來的情境……

我在洛杉磯的機場，為了一趟預期外的旅程。

有一位作者打給我，請我在廣播節目裡一同討論他的書。那時我還沒去過洛杉磯。我本來以為見到的會是臉上塗滿化妝品，很虛假的人，每天早上花很多時間打扮，表情生硬沒什麼人性。沒想到，他們都是友善、活力四射又有創意的人。計程車司機和餐廳侍女充滿活力與才華，在這好玩的地方，讓我感覺像回到了家。我把預設的偏見丟到計程車窗外，大聲唱歌，而在這裡隨處高歌是很正常的。太好了！我手舞足蹈，像是在家那樣輕鬆自在。

我發現有一位大天使包圍著這個城市，她用手臂環抱著所有人，是位至上喜悅和愛的天使。她毫無條件地愛著住在這獨特城市裡的所有人，將他們永遠擁入懷中。她的影像有如巨人般出現在天空，興高采烈，怡然自得。

我們所有人在自己的人生電影中建構著生命，覺得生命就如同我們所感知到的。有人覺得生命充滿平靜，有人覺得充滿挑戰，而我覺得兩者都有，並且在其中找到一些幽默。

那天稍晚時，我在一間餐廳內排隊，後面那位女士用手機聽朋友和老闆之間的麻煩狀況。在我右邊那一桌，有人熱情地宣示對她先生的愛。有人在吧台閱讀股市報紙；有人親吻自己的太太；有人把咖啡潑灑出來。一個幼兒大聲地唱著歌，她的母親深情看著她，幼兒的姊姊臉上紅嘟嘟的。我們全在這個大空間裡，聚集在一起，各自有各自的夢想，而天使用無盡的愛擁抱著我們每個人。

天使有無盡的耐心，她為那些記得愛的人感到歡喜，也依然深愛著那些忘記了愛的人。有一天所有人都會記得我們是如何被愛著，天使對此堅信不移。我可以永遠停留在這份愛、這個意識嗎？

進入奇蹟般的境界

回到家幾個月以後，我變得心慌意亂，幾乎不記得在洛杉磯跟天使共處的那段體驗。「誰能來幫幫我？」我躺在長滿野花的草地上呼喊著。

小白花來幫忙，他們在我的眼前，散發著祥和。「我應該每天冥想小白花嗎？」我問他們。

「不用，讓我們來找妳，妳只是需要一些調整，妳沒問題的。」

沒錯。我起身，在隱密山谷聖地走了一圈。我發現剛才對我說話的那朵白花，今早才盛開，現下正綻放著。

還有一天，我工作回來很疲憊，因此我躺在陽台上。沒多久我的目光深深受到吸引，對那細膩的黃色感到無比歡樂又崇敬，充滿興奮，那黃得就像一幅美麗的圖畫。有一位天使告訴我，她來到我這裡了，她住在水仙花裡。幾天之後我發現一朵黃水仙意外地長在我的房子旁邊，此時我們已經熟悉彼此了。

我經常看著我的客戶們，注意到他們迷失在自己編造的夢裡，那些根本不存在的心理問題，而這心理學當道的時代卻要他們相信那種製造出來的情境。好多年來我自己也曾經在那些狀況裡，現在我完全不打算要回到那些狀況中。我把這個問題傳送給陽台上的一盆紅花，「我該怎麼辦？」

「妳是強壯的。利用妳的智慧，給他們不同的觀點，他們會自己創造奇蹟。這是他們的權利。當妳的客戶們創造出新的看法，當他們進到奇蹟般的境界，這些發現將會在妳心中擴大。他們住在妳的心中，就如同妳住在他們心中。」花穩穩地存在他們的信念中，靜止在他們的力量裡，並且充滿水的生命力。之後，我變得比較勇於提供客戶不同的觀點，客戶也變得比較快樂。

受到召喚而做的事

最近有一個研究指出，同我這個年紀的幸福佳偶每個月做愛十六次。「也許我該記錄一下，我不知道我們一個月做幾次。」我邊說邊笑這種研究，人類喜歡測量事情，這讓我覺得有點好笑。可是我收到的答覆卻很認真。

「你們一直都在做愛呀，整天。」有一朵紫色的花對我說。這是真的，我被花朵包圍，花朵的生命裡，每一刻都充滿性愛。我的心跟子宮光是待在這裡就感覺高潮了。

「我累了，也許得吃一些保健品。」我抱怨道。

「去喝水！水有神奇的魔力！」我聽見綠葉說。他們是對的，喝下三杯水讓我感到能量充沛。

我決定要更頻繁地運動，「我想變得更強壯，什麼是最棒的方法呢？」我呼喚道。

「用任何方式做妳被召喚去做的事情，分享故事、給予寧靜、提供關懷、寫下妳的經驗、好好地生活！」天竺葵唱著，在微風中搖擺。於是我跟隨這些方法，變得更加強而有力。

「我還需要更多幫助來完成我的書！」我大聲說道。碗豆投射出一幅影像，這世界上有許許多多的我們，因為有彼此而感到更加豐足。水從天上來，我們所需要的都在這，豐盈滿溢，我們所需要的幫助永遠都在這裡。

朋友打給我說他們要去一些重要的地方，也許我也該去。我能感覺到他們被召喚，而且是快樂的。我問大地：「我是不是也應該去那種能量中心？也許我應該去其他的地方幫忙。」

「這裡就是妳的能量中心，妳在這裡，妳就在家裡。」確實，我所需要的一切都在這之中。

「親愛的神聖之母，請賜給我滿足感，讓我釋放匱乏的感受。」我說。

蜥蜴在灌木叢裡疾走而過，蜻蜓從上面飛過，這樣聚在一起，讓我們明白每一次呼吸的豐盛感。

散發家人般偉大的愛

回憶中的動物家人們

我跟這隻小貓成為最要好的朋友，每天玩在一起，直到我離家去上大學。即便生活在外，我的姊妹老虎，仍然以靈體陪伴我……

我跟雷去一趟加州的埃爾克霍恩三角洲（Elkhorn Slough），實行整天的划艇活動，我望向海面，心中滿是回憶。整日陽光普照，在溫暖的陽光之中，覺察到動物對我的呼喚。動物們一直呼喚我，我也不斷呼應他們，再相聚時散發出偉大的愛。

許多美好的回憶滑過我的心。在我五歲的時候，媽媽帶我走過街去看小貓，鄰居說：「他們最近才出生，沒離開過貓媽媽，別碰他們。」

我們到了那裡，我遵守大人的指示。一隻叫做老虎的小虎斑母貓直接朝我走過來，那是她第一次離開貓媽媽。除了我，大家都對此感到很驚訝。我跟這隻小貓成為最要好的朋友，每天玩在一起，直到我離家去上大學。即便生活在外，我的姊妹老虎，仍然以靈體陪伴我。

每天早晨媽媽比我早起床，到了該是我起床上學的時候，媽媽會說：「老虎，去叫蘿莉。」老虎馬上衝過走廊，跳到我的床上，用臉磨蹭我的臉，對我撒嬌打呼嚕。

我七歲時學會坐在馬鞍上騎馬，有一次老師說我可以試試看不坐馬鞍，直接坐在馬背上。我急著爬上馬背，不知道當我坐在比較靠近她的下背處，會讓她感到不舒服，然後把我踢下去。我的頭著地，立即的腦震盪馬上又消退，除了我爸爸多年以後告訴我這件事，我什麼都不記得。那時我很害怕馬，想要停掉騎馬課，即便我不明白真正的原因。後來是迪貝蘇鼓勵我再次喜歡馬，她是夏令營裡最大、最強壯的馬兒之一，白毛上帶有灰斑。我去摸她的時候，她指示我把轡繩套在她的頭上，安慰我並溫柔地保證絕對不會讓我受傷，我會是安全的。冷靜、放鬆沒有關係。對我來說，她就像是一位家長。

不同身體裡的相同靈魂

我的童年裡經常有動物出現在我們家，他們就是知道要到哪裡。有一隻名叫小黑的灰色捲毛貴賓犬在好幾棟房子之外的地方被車撞倒，急需去看獸醫。她在痛苦之中費力地到我們家車庫門口，我們馬上帶他去看醫生。

好幾隻貓也過來，有些是需要醫療協助，有些則直接搬過來住。

讀小學的時候，我收到的一份生日禮物是科學用具，我拿一個布滿小呼吸孔的罐子，開始收集毛毛蟲。這個活動變成一種遊戲，收集到愈多毛毛蟲讓我感覺到愈富有。很快地，罐子滿到毛毛蟲在彼此身上爬動著，於是我決定把他們放出來，卻發現有一隻已經結蛹。這隻毛毛蟲被困在幾乎沒有機會生存的地方，沒有空間，只有幾滴水可以喝，也沒有食物，但她仍然堅決地結蛹。我心碎了，發現我們有同樣的靈魂，只是活在不同的身體裡。從此我發誓再也不收集蟲子、虐待蟲子。

青少年時期我是營隊的輔導員，我喜歡讓小孩們歡笑。PJ是一隻耳聾的貓，是我可愛的朋友。我跟其他人開玩笑說，我和這隻貓用手語溝通。「過十分鐘來我的小屋。」我假裝用手語對PJ說，他很認真地看著我。

營隊區域範圍裡有十五棟小屋和好幾棟其他的建築。十分鐘後，有人敲我的門，我上前去開門，就是PJ。他走進來，跳上其中一張雙層床的上層，說：「這是我的！」

貓讓我知道他們是很精明的。我在英國念一年碩士的時候，很想念有動物在我身邊，希望有一天會有一隻貓來看我。那天晚上，有一隻不知道從哪裡來的貓，出現在我的臥室來討抱抱，之後才離開。

是朋友也是家人

在我是青少年的時候，想要再次養一隻貓，那時老虎已經過世好幾年了。當我這麼決定，就發現到處都有貓的蹤影。有一次我走出雜貨店，發現一隻灰白色的貓跳進我打開的車窗，我把她放到車外時，她一臉驚訝地看著我，好像在說：「不就是妳呼喚貓的嗎？」當我去拜訪朋友，貓咪們跳上我的大腿；當我走在街上，有一隻暹羅貓出現在我的腳邊。

「我想要和一隻貓分享我的家。」我對朋友說道。

「哪一種貓？」她問。

我還沒有想過這個問題，但是當她這麼問時，一隻大橘貓的影像閃過我的心。「大橘貓吧。」

第二天，街坊上一隻橘色的大隻流浪貓自己搬進我家。那時我正和一位並不是我夢想對象的男士約會。有一次他出遠門，兩週後他回來，說：「我真不敢相信妳讓一隻貓住在室內，他會到處尿尿！」他這樣說我的貓朋友讓我很受傷，巴提．桑提．帊瓊斯是一隻很有教養的大橘貓。巴提從來不會尿在我的東西上，但是只有在那一天，他在我男朋友的衣服堆上留下他的大便。很快地，我知道該是和男朋友分手的時候，並且感到快樂多了！

原來巴提有好幾個家、好幾個名字，他是一位花很多時間陪我的客人，充滿幽默感，在我們相處的短暫時光裡帶給我美好的充實感。

在我邀請動物們來跟我連結的好幾年前，有一次我正獨自在海裡游泳，我不太確定地看了一下，發現有一個大鬍子的男人正往我靠近，他盯著我看。他禿頭，我再仔細看一次，原來他是一隻海獺！

雷跟我繼續在埃爾克霍恩三角洲滑獨木舟，自在地享受寧靜的午後。有一隻海獺跳上我的腿。動物是我們的朋友，他們是我們的兄弟姊妹。

注重整體間的愛與信任

和善的鳥類和強壯的大象

我們能輕鬆地彼此同步，在這個狀態中表達不同的意思，在彼此的實踐中找到新的訊息，以恩典的舞蹈來回應彼此，那是與世共通、容易理解又充滿愛的語言……

我的伴侶、貓咪和我，我們生活的空間裡有鶺鴒和幾棵月桂樹，還有許多其他的動物、植物。有一棵長在前面窗戶外的月桂樹，是一位歌手。當我處在寧靜的內心深處時，能聽見這棵樹唱著永恆之歌。她帶著愛歌唱，歌曲沒有開頭，也沒有結尾，在永恆裡唱著永不止息的曲調。我把這棵樹取名為莉亞亞。

莉亞亞的好朋友，另一棵叫做美味布蘭登的月桂樹長在後院裡，經常陪伴我和傑西。有時候我在室外睡覺，就會睡在布蘭登的下方。這棵樹常常給我一些建議，關於如何在真實世界中實踐夢想。他要我把所有好的故事寫出來，在人世間分享。「妳坐在地上，把故事種植在那裡，想像這些故事生根。這麼一來，故事就會蓬勃生長，很多年以後，就算妳的身體死去，其他人也能聽到。」美味布蘭登鼓勵著我。

美味布蘭登傳送視覺畫面給我，說他並不是一直都有足夠的水分，但還是長得很好。在不穩定的時代，他想要穩穩地活著。他說，如果我也想要穩穩地活著，就必須把自己的根扎得夠深。

住在我們土地上的鵪鶉是一群重視家庭的好鄰居，最近有一窩小鵪鶉出生，我看到他們跟父母一起走過汽車道，鵪鶉媽媽陪伴小孩，爸爸則跟在後面保護大家。當我想到一些發自內心的念頭，像是「愛是我唯一的真實目標」，或是「我打開自己，聆聽動物靈性導師的指引」時，鵪鶉們就發出拍手的聲音。拍手聲其實是他們保護自己的方式，能嚇走掠食者。

然而，自然世界總是能反射自己。當我處在一種崇敬的狀態，如果在這個自然世界裡有其他也處在崇敬狀態的人，我們就能找到彼此。我們能輕鬆地彼此同步，在這個狀態中表達不同的意思，在彼此的實踐中找到新的訊息，以恩典的舞蹈來回應彼此，那是與世共通、容易理解又充滿愛的語言。

愛是全部的需要

早晨醒來，我的「小我」經常像是墨鏡一般從臉上滑落，暫時離去。有一段時間我忘了這副墨鏡，然後再從地上把它撿起來。不用多久，批判的意念把小我抓回來，但是在那發生之前，我處在一個有如液體般的流暢世界中。在這自在開闊的晨光時間，我好像飛到天空裡，所有的評斷、負擔和目標全都從我身上拿走，我的靈魂消散在環繞的樹林間。是老鷹在我家上方飛翔，飛過我的汽車，盤旋在那些我去的地方來幫助我。自從我向動物們祈禱，請他們來教我智慧和他們的方法，老鷹就成為我的朋友。老鷹擁有智慧，能帶我去人類的地圖上無法找到的境界。

當我心情愉快，充滿喜悅的時候，蜂鳥喬亞亞會出現。如果我在室外，她會朝我飛過來，停留在我臉的高度，持續快速震動著翅膀，看著我的眼睛。有時候她從遠處飛下來，在我上方盤旋，或是跳旋轉的舞蹈來現身；如果我在室內，她也能從離我最近的窗戶找到我，待在靠近窗戶的地方。

有時候我在廚房裡切蔬菜，思考著人類的精神問題、我身邊的人們，還有其他複雜的狀況，鴿子喬納會提醒我要更仔細地聆聽我的內心，我能在那裡找到他。無庸置疑，不必想清楚什麼，因為愛就是所有我需要知道的。

成為一位合作者

這三十四年來，我是許多課程、演講、劇團、製作的設計和帶領人（我從七歲就開始了！），現在我需要一個新的角色。當領導人是很棒的事，但現在我想要當一個合作者，因此我請動物老師們給予指引，大象、天鵝和鷺從遠距離傳給我回應。有一天晚上在我快要睡著的時候，好幾隻大象突然以心電感應的方式找我：「快醒來！」一開始我笑了，然後坐好仔細聆聽。他們向我展示當大象是什麼感覺，把巨大的腿踩踏在地上，感受那溝通般的震動穿過四隻腿，著實是震撼又貼切的體驗，以及把樹幹捲向空中，感覺在喉輪、臉部和軀幹的欣快感，這種感覺流動在象群之間，就好像我真實經歷了這些活動，那是扎實的幸福。

大象說，比起個人的任務，他們更注重整體之間的愛，有這樣的愛讓他們每一位都能被重視、尊重、敬佩。「在你們的文化裡，以愛為優先，來解決個體之間的問題，於是個體會成為持續的歡慶，而不是一種拿來競爭的武器。」

好幾隻白鳥也來找我，說他們也有類似大象的家族經驗，即使我能感到他們其中之一是與眾不同的。「為了破風，我們在風中排成一列，並且完全信任帶頭的那一隻鳥，也信任所有在鳥群裡一起飛的夥伴們彼此之間的完整連結，這就是我們最大的喜悅。我們信任帶領的鳥，因為他就代表著我們。在你們人類的世界，會質疑在位者，因為在位者會以個人利益來運作，這就需要被質疑。在我們的鳥群裡，領頭的那一位是我們的夥伴，整合鳥群為一個群體來飛行，這樣的旅程是很快樂的。飛行的時候沒有好的或壞的位階，我們就是這樣。」

結束與這些動物的互動，我召喚送給人類的一個感恩圓圈，請求讓我們都去當領頭的那位。這樣一來，每一個人的天賦會被看得更清楚，也會更強大。我能以身為所有人之一的角色，藉著跟隨大家的心來當領導者。這種方式很有吸引力，既能讓我休息，也能同時在團體裡玩樂。

我們就是彼此

鳥、樹、象群，還有其他大自然的夥伴們，他們永遠願意牽著我們的手，幫助我們。鴿子喬納說他願意永遠陪伴我，即便以超越身體的形式，這讓我全心全意地信任他。他會不停把我引導回愛裡，因為純真的良善和恩典就是他的目的、他的選擇。

有一天我在辦公室裡努力地想喚起愛，不論在公司裡有好消息還是壞消息，是歡喜的或是悲傷的，正面或負面的，都把他們包含在愛裡。我專注在成為那份愛來經歷一切，整天充滿著喜悅和好奇心。然而，一天下來，我覺得好累，歡樂散去之後只感到筋疲力竭。「我需要幫忙。」心裡呼喊著。

回家的路上，我順道去雜貨店，開到停車場的時候，更深層的疲憊感淹沒了我，感覺自己要生病了。「偉大的靈，拜託，請背負我。」我的靈魂這麼唱道。

「我沒辦法自己來。」我對自己說。忽然有兩隻不知道從哪來的綠頭鴨，跑到我車子前面的窗戶。這種體驗好像現代童話故事，在大都市裡，大街上路況擁擠，而賣場的停車場裡，有一公一母的綠頭鴨前來，他們很快速地靠近我並撲向我，當下我感覺到他們把我的重擔丟向天空，蒸發殆盡。此時我明白，只要聆聽我的老師們，自己會一直被地球上最和善的鳥類和最強壯的大象看護著。

「我是妳，妳也是我。」

接受變化帶來的喜悅與豐盛

萬物間的靈性引導者

沮喪、渴望和悲慘緊密地交織在一起，壓得我快喘不過氣，我期待新的變化。而天堂就是這一切的答案，就如同動物們鼓勵我不斷以天堂的美好填滿我的心……

有一隻美麗的白色蝴蝶飛過，那天，天空裡有許多奇異的雲朵，看起來像現代舞者在空中跳舞。我聽見話語：「妳回家了，現在妳到家了。」就好像一隻天鵝，有一對強而有力又能託付重任的翅膀，帶我飛翔著。現在我終於知道自己在哪裡，也明白自己迷茫恍惚地活過了四十年，也許更久，有好幾輩子那麼久。但此刻一切明晰，也不用再多說那迷惘的過去。

不用移動，我已進入了新世界，此刻我就在天堂的花園裡，一切都是那麼和善，傑西在我身邊，每一隻飛過的鳥是如此可愛。

「妳請求，必得到。」我聽見這些話。「由於妳每天付出辛勞，所以有豐盛的收穫，而收穫也會一直是這麼豐盛。此刻妳已尋獲了，所有請求與對生命的疑惑都已得到回應，儘管人類仍無法全方位地領悟生命的奧妙，然而這些收穫永遠是屬於妳的。」

從有記憶以來，我一直徬徨無依、迷失自我。雖然樂團裡發生令人失望的事情，但有了傑西每天堅持我要花更多時間去室外，加上最近我問席拉如何讓我不要生氣後她所提供的答覆，讓我即使待在人間，也能感受到被投射至天堂。沮喪、渴望和悲慘緊密地交織在一起，壓得我快喘不過氣，我期待新的變化。而天堂就是這一切的答案，就如同動物們鼓勵我不斷以天堂的美好填滿我的心。

突然改變的計劃

兩個禮拜之前，有一隻體貼的綠色蚱蜢靠近雷和我，他過來打招呼，傳遞溫暖。有人說蚱蜢象徵大躍進，當有蚱蜢走向你時，你會有跳躍式的成長。就是現在，這個禮物就在這裡了。

過去一年，我暗中花許多時間準備給雷五十歲生日的驚喜，安排在這個城裡我最喜歡的樂團來表演。幾乎是一年前，樂團很投入地負責這個派對，讓我覺得他們有好好練習，做好準備。可是在生日四天前，他們毫無預警地退出。

接下來十二小時我不停聯絡每一位我能想到的當地音樂家和舞者，從零開始，湊一個只有一次彩排的大排場表演。不到一天，順利有了新的七人表演團體——舞者、搖鈴手、歌手，還有吉他手。我重新準備許多計劃，參與的人們也一起幫忙，一起規劃新的迎賓活動。我讓雷被耽擱在某處，這樣我就能夠指揮樂手們和八十位賓客的準備動作。

很快地，新的計劃進入行動階段，我還有兩個小時讓自己恢復元氣，我躺在瑜珈墊上，雙腳在空中，讓自己慢下來。離開重頭開始的情緒，我放鬆心情，感覺到一股憤怒的能量，我沒辦法原諒那個臨時通知取消的樂團，即使我有原諒他們的意願，也即使事情最後順利解決。這個背叛在深處打擊著我，我愈努力想要放掉憤怒，憤怒愈緊抓著我。於是我尋找貓席拉，問她該怎麼辦。

席拉似乎不了解我的問題，問說：「妳現在在做什麼？」

「我弄了一個新的音樂表演，想著要表演的歌曲，準備等下要帶領彩排。我正在做運動，感覺到胸口有很多能量。」

席拉知道有許多人在我周圍，我身邊充滿創意的想法還有美妙的音樂，也正在開心地做運動，此時有許多情緒襲來。但對她來說，那個樂團昨天做了什麼，或是沒做什麼都不重要，那跟一切都無關。她對我感到困惑，說：「此時此地就只有當下。」我被她的理解所感動，開始為當下、為要來參與的樂手們感到興高采烈，更為自己退回到之前的角色，以合作的互動方式感到歡天喜地。

變化帶來的恩典與祝福

在我二十多歲的時候，曾帶領很多表演、儀式和禮儀，我很享受當帶領者。現在有個機會到來，我胸口的波濤起伏轉變成歡欣鼓舞。喬亞，一位吉他手、歌手、作曲人，也是我的朋友，我們十四年前一起表演過，她打電話給我說她要過來了。她高聲笑說：「這就是失控神聖最厲害的地方，準備好被祝福就對了！」她會帶一張最近製作的CD，當中還有一首原創歌曲。雷進場的時候，我跟她會一起在門口唱歌。這似乎比原計劃好玩更多了！

這裡充滿了祝福，我在當下這個歡欣雷動的喜悅中，要成為最豐盛的那一個人——我自己。在這出乎意外的變化中，我完全知道要做什麼，並且正在行動。我全心全意慶祝著，真是恩典，真是祝福，而這珍貴的禮物以奇異的包裝送到我面前！

派對那天早上，傑西和我在灌木叢旁邊做冥想。通常我會在前門廊那裡開始新的一天，而蜂鳥喬亞亞會過來跟我打招呼，可是今天我們想要躲起來，把自己塞在花園籬笆和灌木叢之間。喬亞亞說，不管我在哪裡，她都能找到我。她飛向我，飛到我臉前幾吋的地方，接著停在一呎遠的小樹梢上，認真地看著我。她大概一盎司重，是個可愛的小東西！傑西輕鬆自在地待在那裡，我向他表達感謝，謝謝他選擇喬亞亞作為朋友，傑西一邊打著呼嚕，一邊清理自己。

當喬亞亞和我看著彼此好一段時間，傑西平靜地把頭躺在我的腿上，我沉浸在豐厚的喜悅裡。我把意識轉向內心，感受所有存在著的都是愛。當我躺在大地上，土地給予我滋養，讓我更豐盛、圓滿和完整，而我從來沒有過如此深刻的感受。

我發現自己的工作是創造儀式並邀請所有人進到這無盡的狂喜之中。我躺著好幾個小時，說不出話，在這無法言喻、百思莫解的愛裡燃燒。

作為生命的愛人者對我來說一直是容易的，而現在我則成為被愛的那一個。空氣、樹木、喬亞亞、傑西、大地，還有許多靈性引導者，把無盡的愛注入給我。一切都是愛，在愛裡，我被呵護著、支持著、洗淨著、餵養著。當我感到飽滿，就有更多愛給來，讓我更加飽滿，讓我能給出更多愛。

滿富溫暖的愛與喜氣

當賓客抵達，我和大家分享喬亞亞的故事，邀請每一位來賓挑出一個他們最欣賞雷的優點。「把這個優點保留在你的心中，想著你曾經看過雷表現出這優點的樣子，現在，也想著你自己曾經體現這個優點的經驗。這個活動是向雷致敬，同時也是向我們自己致敬。我們向自己的種類致敬——人類。」

現場的能量不斷提升，當雷抵達的時候，他發現房子裡的能量已經完全改變了。唐亞在一枝又大又壯的樹枝上跳舞、打鼓。五十多歲的理查帶著雷跨過界線，到一個新的世界。理查分享他送給雷的祝福：「五十歲是發現最真實自我的時刻。」雷走進來的時候，我們有些人唱著歌。一個接著一個，每位朋友都走到階梯上，以溫暖的愛迎接他。雷留下感動的眼淚，所有人都在這喜氣洋洋之中。

傑西想安靜地待在臥室裡，用他的公貓能量，把愛的空間留給所有人。在他十一磅的身軀裡住著一隻有極致優雅和雄性力量的驕傲獅子。有人類來探訪他的時候，也會有小天使在他身邊跳著舞。愈來愈明顯地，一切都不只是如表面所見，只能透過傾聽自己的心，才能明白情況。看起來很強大的，往往是脆弱的；看似溫順敦厚的，可能是以地球上最強壯的材質所造。

那天稍晚時，我們圍成了一個神聖的圓圈，傑西出來和圓圈裡的大多人一一打招呼。冥想開始時，他坐在雷的腿上。當我愈信任我的心，我愈無法信任自己被教育的方式，但卻感到更加快樂。生命就像神奇的童話故事，通往天堂的大門已經敞開。在盎然的綠地中，我們都感覺自己像是國王、皇后那般富有。

生命萬物中的一份子

過了幾天，我坐在後陽台的椅子上，突然感受到樂團團長因為出爾反爾而臨時退出派對的那股能量。他靈魂裡有一絲還沒被發掘的渴望和憂傷，正在經歷生命裡的某些事情，對他來說，那時並不適合把能量放在我這裡。他是一個很棒的男士，多年來把他的能量在活動裡傳給成千上萬的人。只是雷生日派對的時間、地點，對他來說並不適宜罷了。我理解是宇宙安排這個變化，現在我的心充滿諒解。

沒有錯誤，沒有不公不義，宇宙深知一切，所有人都扮演好自己的角色。我的憤怒變成同情，因為我發現自己能帶領儀式是一種祝福。我花了好幾個月來準備活動，完成它是我的責任。神聖之母來敲我的門，邀請我去做能帶給我最大喜悅的事。

望向峽谷，感受樹木帶給我平靜的豐盈，明白了我不是自己以為的那個人。我以為雷、傑西和我是這聖地世界的中心，很幸運有其他生命體圍繞著我們。現在我明白其實自己是這錯綜複雜生態體系裡的一份子，那裡有許多鳥類、爬蟲類、哺乳類、昆蟲和人類。大家都期待人類是永續生存的大師。我就像在學校般活著，但我的老師們、居民們卻沒有教我任何事。我不會說任何人的母語，我得坐在樹上，走在草地上，躺在地上，花好幾個小時或好幾天仔細聆聽，去學在地語言。

那個我以為「放棄我」的樂團，他們的聲音無所不在，沒有人離開，所有人都回到家了。空氣裡正唱著一首歌，月桂樹莉亞亞正在對著天空唱歌，沒有停下來過。人聲合唱的錄音正在空中播放著，我也感覺到了在曾經聽過的音樂會上的音樂回音。然後我聽見：「不要離開，我們會過來迎接妳。」這個瞬間我飛起來，同時卻也安住著。

選擇永遠擁抱生命

充滿毅力的金龜蟲

戴夫的逝去幫助我走過生命裡重大的轉變和成長的路程。我對他充滿感激，只要他願意，我相信他會選擇喜悅的下一階段。這是我對他的希望，不是我的責任……

我有變得更好的感覺，常常是開心的。以前我習慣把自己搞得很忙碌，不斷找重要的事情來做。現在我更喜歡給碗豆苗澆澆水、摘摘豆子，也喜歡好好享用食物，和朋友們分享小黃瓜，或者在家裡走動，一邊欣賞塗成玫瑰色的腳指甲，這些都是讓我感到相當快樂的事情！

夏日近午夜，我在一個分享聚會的空間裡冥想，那是大家來上課的地方。當我準備要起身回去睡覺的時候，注意到一隻瘋狂的金龜蟲。這隻金龜蟲體型很大，差不多有我整隻拇指那麼大，他在房子二樓外的窗戶上，急著想要進來。那華麗的甲殼讓他看似好像才剛離開高級百貨公司，急著找一個朋友來瞧瞧他新買的服裝。這傢伙的眼睛有夠大，看起來就像火星人，大耳朵形狀的東西接在觸角上。

聚會室的窗戶有十五呎寬，他可以讓自己停留在任何地方，不知為何，他跟我沒來由地就這麼看著彼此。他看著我，揮動他的手臂，想找一個能穿過玻璃的方式。我好奇地看著他。

他想要做什麼？這隻金龜蟲有整個室外的空間，而且今天晚上也不是特別冷，他能爬下去回到地面，在窗台上睡覺，或自己爬上屋頂。有這麼多選擇，但還是堅持要進來，這傢伙到底是怎麼一回事？我對他愈來愈有興趣，想靠近他一些，他似乎也想靠近我。我仔細聆聽他嗡嗡的震動，感覺到強烈的決心，卻還是不清楚他為什麼過來。就稱呼他泰德吧。

一位急迫的傳訊者

「你需要我為你做什麼嗎？」我問道。當我愈去感覺這隻金龜蟲的存在，我愈覺察到他的任性和毅力。

「你過來是想要從我這裡得到些什麼嗎？」我再次詢問他，然後感覺到一個回覆：「對。」這個回覆沒有其他說明。過了一會兒，我們的對話無疾而終。最後我離開去刷牙，當我走出聚會室，泰德敲了三下窗戶。

我馬上轉身，對於泰德急迫又明確想與我連結感到驚訝，我在沙發上放鬆自己。

「之前的聲音是他嗎？」我問雷。半小時前我有聽到敲擊聲音，但那時搞不清楚是誰，或是什麼在敲。可是雷已經在沙發上打瞌睡，他靠著我的肩膀，傑西在他腿上。他們在我身邊讓我感到安心，而對於泰德我倒是愈來愈好奇。

然後，我突然想起，早上有一家當地的餐廳打電話給我，那家餐廳的員工彼此間很親近，就像家人那樣，只是沒有血緣而已。有一位叫做戴夫的員工，他很受歡迎，也是餐廳不可或缺的要角，昨天自殺了。他們打給我，要我明天帶領一場員工聚會。

「你是代表著那起自殺事件而來的嗎？」我問泰德。

最後，金龜蟲冷靜下來了，我也是。他自在、安靜地待在窗邊，真是美麗又神聖的信差呀！他對自己的目標如此堅持，飛上二十五呎高的二樓來找我，不肯放棄，他是一位傳訊者。我們一起安靜地冥想。雷和傑西不管是醒著還是睡著都能處在冥想狀態，他們現在在夢境裡加入我們。而當我慢慢順著進入那份信任和奇妙的感覺，信差便傳送訊息給我。

「戴夫知道妳代表他來主導這個聚會，他覺得妳完全專注在那些活著的人，而沒有把他包含在裡面，他希望妳能更明確地代表他。」

珍視喜悅才能放棄痛苦

我很樂意和這隻代表戴夫的金龜蟲交談。一些逝者有來找過我，通常逝者會請我跟還活著的深愛家人們溝通。我後來不再花時間去區分了，天使、天人、聖人、其他活在更高維度的大師們、在人間或離世的人們、動物和昆蟲，都是以愛來溝通、來傳達智慧的靈魂。

戴夫表示他做錯了，他想要回來。如果在世時，他有能力去理解給他的愛和關懷，他一定會留下來的。現在，他只能去思考這件事，因為已經太遲了。

「走向光芒。」我對這個靈魂說。「跟著光走，戴夫，你一直在犯同樣的錯誤。你想要脫離痛苦所以選擇離開，現在你也要脫離痛苦所以想回來。你能找到另一個身體再回來，但那沒有用。不論你去到哪，痛苦都會一直跟著你，直到你選擇喜悅。」

我理解這種行為模式。我二十歲的時候搬去英國，搬到一個在維吉尼亞的共享社區，又搬到科羅拉多州的圓石市（Boulder, Colorado）想追求沒有痛苦的生活，但每一次搬家卻是讓痛苦更加惡化。只有當我珍視喜悅，放棄痛苦，痛苦的感覺才會慢慢縮小，最後消失。當我毫無抗拒，全然沉入痛苦裡，痛苦才轉變。

我的話語似乎感動到戴夫，並且影響了他，他出現在金龜蟲旁邊，然而，我能感覺到戴夫所渴望的比我的建議更深層。我和他坐在一起，心連心，完全擁抱他現在的狀態。放下想要教導他、改變他或幫助他的企圖，此時此地，我就只是愛著他。他的內心比較平靜了，動了一下身體，我的心也跟著晃動一會兒，然後他接受滋養的力量來安撫自己。

想要的都會實現

雷、傑西和我是時候該上床睡覺，我們似乎都這麼覺得，一個個起身離開房間。金龜蟲信差仍然停在窗台上，我對戴夫表達感謝的祝福，說晚安，他退回自己此時存在的境界。我進入夢境，發現自己也一直拒絕唾手可得的支持與幫助。動物、大自然和我的家庭給我許多的養分，我覺得自己受到許多祝福，同時卻覺得虧欠他們，沒有回報的方法。我不停做免費的服務，給客戶折扣，不信任這個世界會在財務方面好好照顧我。

金龜蟲泰德說：「世界會給予妳想要的，但妳必須先提出要求，妳也必須準備好接收禮物。妳的財務沒有問題，真的，妳想要的是什麼，跟妳願意收到什麼，這些會反映在妳財務上的愛。然而，帶著真心、信任、全然敞開的態度，不要求方法、時間和地點，不要求細節。關鍵就是帶著『對於妳所想要的都會實現』這樣敞開的態度。」

擔憂和煩惱消散退去，全然信任我在財務上會得到照顧，這種新體驗讓我為之一振。當我在生命之流飄動著，在繽紛色彩和喜悅裡，日間景色和夜晚寧靜裡，我用輕鬆的態度面對財務狀況，取代了擔憂的心。

第二天早晨去和餐廳員工碰面的路上，兩隻松鼠在我經過的車道上做愛。鳥跟蜻蜓一直都很大膽地在我和雷的面前做愛，其實讓人感到很神奇又有魅力。

儘管如此，這對我來說還是太公開了。「你們確定要在大馬路旁邊做嗎？」我問道。兩個開心的聲音回答說：「很好，很好，一切都安好，沒有錯的事，沒有對的事，不壞、不好，沒有更好，也不會更糟。生命體正在出生、正在進食、正在做愛、正在死亡。今天有人在建造，有人在交談。一切都好，一切安好。沒有什麼是隱藏的，沒有什麼是消失的。一切都在這裡。」

無關對錯的選擇

抵達戴夫工作的地方，我和那裡的員工們打招呼，邀請他們做任何分享。「大家會因為這件事情而有天南地北的感受，有些人會得到意料之外的靈性啟發，有些人會感受到強烈的情緒，你可能會哭、會笑，可能會對於戴夫所做的感到生氣，可能也會同情他。有人會對於喜悅和生命意外地感到狂喜，有人會有罪惡感，但這並不是你的錯，也不是戴夫的錯，這只是他做的選擇。你可能會覺得難過，有人也許不會有任何感覺，那也沒有關係。」

「每天你會有不同的感受，因為你在不斷變動的狀態裡。這件事會讓你跟自己更加親近，一切跟自己有關的感受都受到歡迎，迎接所有的感受。沒有什麼是正確的、是錯的、是更好的或更糟的。不論你做什麼，請好好支持、鼓勵彼此去體驗它。」

「還有一個選項，你可以選擇把戴夫自殺這件事情視為一種啟發，或隨著它變得灰心喪志。他選擇死亡，無可厚非，有許多情緒圍繞著死亡。我想邀請你，並不是說他錯了，而去選擇永遠擁抱生命，不論你在哪裡。感受會來會去，當感受來臨，你可以專注在絕望或感激上。專注在絕望的人會有更多痛苦，專注在感激的人會得到更多喜悅。如果你不同意，把這當作實驗，試試看吧。」

有人說她對戴夫有深深的同情心，卻也同時對他感到生氣。「我對於自己的憤怒有罪惡感。」她說道。

「那種憤怒一直跟隨著妳。當妳想要放棄的時候，妳有對自己生氣嗎？」

「嗯，有。」

「妳有因為憤怒而放棄嗎？」

「沒有？」

「聽起來憤怒幫助了妳，如果戴夫有在這裡聽見，這也可能會幫助他。妳能允許自己同時感覺到深層的同理心和憤怒，然後接受感受到的矛盾嗎？」

「我可以。」

飛往喜悅的方向

戴夫的逝去幫助我走過生命裡的重大轉變和成長的路程。我對他充滿感激，只要他願意，我相信他會選擇喜悅的下一階段。這是我對他的希望，不是我的責任。

回到家，我坐在門廊，思考著過去二十四小時所發生的事。有人從樹上發出呼喊，叫了三次卻沒有同伴回應。我往後看，在很高的地方，幾乎被橡樹的葉子遮住，他在陽光下隱約顯露著，是一隻大藍鳥。我轉向他，然後他安靜地往森林飛去。

我想到餐廳的老闆肯特，是他發現自己的員工沒有了呼吸。肯特的雙眼又圓又大，就像是布蘭特的眼睛。布蘭特是一隻有鹿角的公鹿，他大概三歲。不像大多的鹿有那種優雅細緻的樣貌，他很明智且有判斷力。常常我在門廊上結束冥想，抬頭就會看到他在固定出現的地方，是他最喜歡吃東西的地點，他的臉被綠葉包起來。當我抬頭看，他正看著我，我們這樣看著彼此。

我想著公鹿布蘭特和餐廳老闆肯特的相似處，這兩位男性都給我歡迎和安全的感覺，我們的心連接在一起，在深處我們是一體的。

Ch 3

愛的千言萬語

永遠存在的課題

持續地向動物朋友們學習

如果我選擇部分的豐盛，其實我部分的意識仍然在匱乏之上，因此我選擇要完全感到豐盛充實。生命中，頭一次知道原來我能在每一刻選擇豐盛感，而不是用外在經驗把自己填滿，那些經驗和感受終會消散退去……

我們一次又一次地學習生命的課題，每一次都更加深入課題核心。當我們每次與愛的人在相似的課題上打轉，我們透過愛在生命裡盤桓迴旋，並且在那裡發亮、擴張到無盡。

當我以合作的意願來對待生命，所有的生命變成我的老師和愛人。最近我在月經來潮的時候抽筋，我明白卵巢有自己的生命，他們正在對我表達一些什麼，讓我想要變成卵巢一陣子。我把意識和感受集中在卵巢，很明顯地，那裡有些哀傷。

我看見一些畫面，那是多年前發生的事情，這些事情儲存在我的卵巢裡。我維持全然在當下，全然接受卵巢的經歷時，疼痛的感覺增加了。我是和痛苦在一起的那個人，因此我不再感到疼痛。我只是將意識放在卵巢上，而不去分析他們。疼痛只是一種感受，當我保持在當下的狀態，疼痛就退去。我把疼痛的感覺帶到心臟，然後原諒它（這是瑪格麗特·魯比[註1]建議的練習，她是DNA可能性的創始人）。我的卵巢感覺到淡淡的喜悅，我愛上生命。

美妙鐘聲般的愛

史諾的家人有一次來訪時告訴我，自從上次我和史諾相處一段時間，她變得比較平靜，但還是不太理一些客人。我的直覺認為史諾是一個非常有愛又有些敏感的小東西，我能感覺到她愛玩的樣子，她也向我確認真是如此。她把自己的想法傳送到我的心裡，我們感受彼此，一起思考。她把自己是一位特技治療師的影像透過心電感應的方式傳給我，帶給我歡樂。可是當我靠近她，她卻對我哈氣。她外在的行為並不符合我們內在溝通的感受，這讓我覺得很奇怪。

我持續把專注力放在她傳送給我的愛。那天稍晚我獨自離開她家的時候，透過心將感激傳送到她的心。我感覺她是一位姐妹、一位好朋友，擁有一雙像藍水晶的雙眼。

---

1 編註：瑪格麗特·魯比（Margaret Ruby），著有《The DNA of Healing: A Five-Step Process for Total Wellness and Abundance》。

對我哈氣只是一種表達，對於我想要抱她，這樣肢體上會太接近，是越界的行為。

下次我見到史諾，對於越界表達歉意，我說：「如果妳想觸碰我，請伸出妳的手掌，或是用身體來磨蹭我。我不會再越界，除非妳想要被摸，不然我不會去碰妳。」她用表達感謝的眼神看著我說：「謝謝妳。」

過了十分鐘，她過來磨蹭我，兩隻手掌伸向我的手。顯然這對她來說是不尋常的舉動，因為當她哈氣，人們就會遠離她。我們之間的愛，在我的心中彷彿是美妙的鐘聲。史諾看著我的雙眼好一段時間，我就像在一個全新的世界裡誕生了。

神聖的甜蜜恩賜

人類和動物、動物和動物、人類和人類之間，我們能夠不斷地讓彼此重生。聆聽當下心中的樂章，每個呼吸的起始皆是獨一無二的體驗，而相似的主旋律也會有著些許變化。我把這個世界叫做「神聖愛的殿堂」，我和這位奇妙公主一起被送往一個非常純淨的地方，在那裡一切欣喜萬分，神聖又可愛，如癡如醉般愉悅，彷彿我同時在天堂和人間，而來自童年純真又充滿感激的回憶讓我流下淚來。

思考著這個體驗，我發現這神聖的大師給了我關於覺醒的關鍵：去珍惜、去保護你的神性。指引我的貓在我以愛對她的愛說話時，我們尊重彼此，她也就願意回應我。我們曾經如此，現在我們以新生之姿再次回到這尊重彼此的意識。每一次循環都是神聖境界裡新鮮、令人陶醉的甘露。為了不要減弱史諾保持著的清晰存在，她需要我去調整自己的能量，輕柔地靠近她。透過溫柔的方式來要求全然的尊重，她帶我進入一個除此之外無法抵達的層次。

這隻貓能看見非常深層的我，也能認出我內在的天使。天使在每個生命中、在充滿愛的深處裡。我的貓朋友以非語言的方式說，我的特立獨行是甜蜜的恩賜。我真心感受到，自己同時成為這神聖恩賜的接受者和供應者，而這恩賜就是我自己。這不可思議的貓讓我表現出最純真的自己，我的內心深處也變得更自在，並且覺得自己更能夠被看見、被聽見。

豐盛是一種選擇

生命中所有的存在都能有所貢獻。我持續在吉娜·帕瑪的聖所跟她學習動物溝通時，很幸運能和許多鴿子相處。其中一隻鴿子，喬納，坐在我腹部的太陽神經叢上，我用心傾聽他，他請我和他一起去感受豐滿充實的感覺。喬納透過自己，把他得到的感受傳達給我，讓我知道感覺豐盛是一種選擇。

「如果妳想要變得豐滿充實，就去做。選擇豐盛，這很容易的！」喬納告訴我。

自從我第一次和他相處，任何時候我只要有抱怨或負面的想法，我會趕快用豐盛的、喜悅的新念頭來替代它。喬納教導說，沒有什麼能把我填滿，豐盛感只是一種選擇的狀態。如果我選擇部分的豐盛，其實我部分的意識仍然在匱乏之上，因此我選擇要完全感到豐盛充實。生命中，頭一次知道原來我能在每一刻選擇豐盛感，而不是用外在經驗把自己填滿，那些經驗和感受終會消散退去。

我有一個客戶在他第一次來諮商那天有自殺傾向，這十年來他不斷在自殺的念頭裡掙扎。我們得到一個結論：他需要以自己的樣子被接受。於是我們一起練習接受那些用愛來感受和想到的一切，假設這都是生命中的一部分。我們發現接受會打開一扇新的大門，當他以自己的樣貌全然地被接受時，在我和他之中不和諧的部分開始重新回到和諧狀態。透過這樣共同的練習，我們進而能多待在喜悅、充實和愛的狀態裡。我也體認到生命本身知曉的，比單獨靠自己所學習到的更多，生命把這位客戶引領到我面前讓我成長，也把我帶向他，讓他成長。生命果然知道要做什麼呀！

愛就是歸處

每一天我向風、大地、太陽和水請求指引，感覺身體轉化成有狂喜之愛的殿堂，在愈來愈多的地方甦醒。我的心經常處在喜悅到要爆炸的感覺，但是大地擁護著我，告訴我透過時間慢慢提升震動到更快樂、更高層次的頻率。我開始感覺到所有脈輪的高潮，那是一種自然的狀態，身體變得能應付愈來愈深層的狂喜之愛。對所有生命的愛和尊重就是這狀態的入場券，在生命這場持續不斷的音樂會中，每個人都是我的老

師，也是我的愛人。我常常覺得身體是廣大無邊的愛，與眾所皆是的合一之縮影，其他人在這進化的年代也有相近的體驗。

上星期我對於忽略家裡的一棵植物而向她道歉，她對我的心說：「我慶祝我們今日的愛。之前不管發生什麼事都沒關係。」她示範了美麗又無條件的寬恕與選擇愛的魔力。她很快樂又滿足，不需要停留在以前的事情上。無論過往發生了什麼，她就在此時此地成為了愛。

我在這裡分享這個有關愛的體驗，是想告訴大家，愛的世界就在這裡，每一刻開放給每個人。去看、去感覺那份愛，把不和諧當作以其他方式去給予愛的指標。當你感覺不到愛的時候，你會感覺到什麼呢？憤怒？不耐煩？恐懼？問問自己，你正在感覺什麼？你願意去感受那當下的感覺，直到感覺退去，再以感恩代替它嗎？藉由感恩來記得愛一直都在，而不要想著那些使你痛苦的。

信任愛，選擇愛，成為愛。不論你身在何方，只要把愛成為你主要的專注，愛就是你的歸處。

問題與答案

與貓和鼠的對話

「你們人類互動的方式總會期待對方回答你所有的問題。朋友呀，要學著停留在詢問的狀態裡。」突然間，老鼠隆姆、傑西和我以同一個聲音這樣說道。我們在對誰說話？又是誰在回答？

一隻小老鼠朝我跑來，用鼻子碰我的腿。

「你好。」我說。

「妳好，真高興妳願意聆聽，我的朋友，因為我就是知識的寶庫，儘管我在角落害怕地發抖。如果妳願意幫我的話，我會很感激，不用更多的感受，我就已經是恐懼的了。那隻貓很聰明，而我比這個小老鼠的身體更巨大。但如果我很快就要離開這個生命，我仍然存在於任何我所在的地方。我不能離開，我也一直都會在，在任何地方。女士，如果妳能給我一些水、食物就太好了。我把自己獻給妳。」

傑西說話了。「我摯愛的媽媽，這隻老鼠慷慨地把自己獻給妳，真的很棒。我也

是用愛來舔拭自己的腳掌。愛。已是早晨了，我在狩獵。呼嚕呼嚕。」傑西給我一個擁抱。「我愛，我愛妳，我愛自己。生命真是溫暖。」

此刻的世界，一切如本來那樣，愛與和平同在。我給隆姆一些水和核果。

「老鼠隆姆，你還有其他要說的嗎？」

「我該離開了，妳已接收到我的訊息，我也該繼續我的課題。」

這表示他要離開我家了嗎？他會躲起來留在這嗎？他會不會變成傑西的食物？

「如果可以麻煩妳開門的話，我可能會離開，也可能不會。」

「傑西，如果開門，你能接受嗎？」

「可以，媽媽，妳知道我愛新鮮的空氣，我也想要去外面。」

「你們人類互動的方式總會期待對方回答你所有的問題。朋友呀，要學著停留在詢問的狀態裡。」突然間，老鼠隆姆、傑西和我以同一個聲音這樣說道。我們在對誰說話？又是誰在回答？就在我停留在這問題時，一件美妙的事情發生了。

愛已存在每個細胞之中

有一隻鳥直接停在我面前，開心地吃著。這隻鳥正在吃地上的東西，跳舞歡慶。忽然之間我彷彿進入伊甸園，我坐在電腦旁邊，卻覺得自己在天堂裡，那裡所有的存在都是喜悅和平，也是合一的。我聽見世界對我唱著：「我們正在吃飯，蘿莉，我的朋友，我們正在吃飯！」

我去淋浴，在浴室裡出現一小束紫色的光，那是老鼠隆姆。我不清楚他是活在世上還是已經過世來傳送這束光給我。

「我傳送愛給你。」我對隆姆說道。

「沒有傳送愛，也沒有接收愛的那一位。愛已經被設定在每一個細胞裡，妳不需要這麼做，因為那沒有用。愛沒有傳送者，也沒有接收者。愛就只是愛。」隆姆回答。

此刻我感覺到隆姆安住在我心深處。能感覺那流過我、充滿一切的愛，真是令我開心。傑西走進浴室，跳上浴缸的邊緣，發出歡樂的喵聲。當我看著他的雙眼時，他快速將一本書的畫面傳給我，於是我在腦中記住等下要把這個寫下來。

過一會兒，我擦乾身體，穿好衣服，走到書桌寫下來。傑西跳上來，用他的臉磨蹭我的臉。我們繼續停留在愛的詢問中。

跟隨內在指引

海浪與太陽的呼喚

我信任這個引導，發現個性就是一束光、一個聲音、一種活在二元的方式、一種譬喻、一種溶解。我退到那無條件的愛、和平與喜悅，就待在這裡……

海的波浪就這麼玩耍著，毫不在意社會的眼光，各自前進卻仍然在一個整體的行動裡，水花四濺。他們說，在化身之前以團隊的方式呈現。他們一直看護彼此，從來不會落單。他們一向以一個整體來調和彼此，競爭、自我證明都不屬於他們獨特的文化。他們似乎跟隨著來自內心的音樂。海獺也默默加入他們的舞蹈，開心地以相似的節奏一起舞動著。

海浪沉浸在連結彼此的歌舞之中，音樂透過他們的動作來變化，與空氣碰面。在強而有力的節奏裡，海浪被什麼帶動著，那種美麗讓我熱淚盈眶。海裡的生物出現了，他們是有如天使般的生物，卻也有人類的特色。他們好像被水的舞動所迷惑了，但是他們仍然張開眼看我。他們認得我，而我還在熟悉他們。

海水的遊戲——斯瓦

海水的一個女兒帶我去旁邊，向我展示他們玩的遊戲——斯瓦。如果你要加入遊戲，你和你的夥伴在一天之內要「斯瓦」彼此二十次。「斯瓦」是打破模式的方法，去打破與你的兄弟姊妹之間的干擾，要全然活著。當你注意到你的夥伴正在無意識地做任何精神上、肉體上，或情緒上的慣性模式，要找到一個方法，好心地推他一下，把他帶到新的行為模式中。你得動作迅速，整天要做出新的斯瓦。這是以好玩又仁慈的方式來進行；例如，你可能在夥伴做收縮動作時跟著跳動進去，這樣他或她才能熱情地將自己鬆開來。

海水的女兒流動到我的下巴，抓住我的注意力，打斷我的慣性思考，放鬆我緊繃多年的肌肉。她幫助了我。這樣以好玩的方式協助彼此一定能讓許多人得到益處。這個團體在服務生命時，全心投入幫助彼此，為任何到來的新訊息與活力，像是充滿生命力的車輛般活著。他們擴大太陽的溫暖與恩典的能量，他們是豐盛的。他們明白的是愛，對於其他遊戲不感興趣，對於別人選擇其他的生命道路也似乎不會去批評。他們全然沉浸在所做的事情上，友善對待所有與他們交會的一切。對他們來說，我們都是熟悉的。人們跳進他們之中，他們張開雙臂擁抱這些人，從頭到腳不放過任何一處，接受造物主所創造出他們的模樣。

與海的兒女一起沐浴，即便我獨自一人，仍然有被包容的感覺，我發現藏在肌肉裡的憤怒消失了。而太陽用力地呼喚著我，我知道當我跟隨自己的內在指引，不論看起來有多奇怪，我變得快樂、充實、幸福。

太陽的話語

有一天我獨自在門廊，聽見太陽說話：「妳是靈魂投射。妳是我送到地球的光與聲音，而妳仍然同時與我在這裡，遙遠的這裡。個性是一場夢，如果妳想要的話，那可以是好玩的夢。妳忘了自己是誰，變得依賴那場夢，從此所有的問題就發生了。從現在起，要記得我是最重要的，於是所有的飢渴都會得到飽足。任何的問題都只是光與聲音需要調整到和諧狀態，只要去請求，就能在瞬間達成。」

我信任這個引導，發現個性就是一束光、一個聲音、一種活在二元的方式、一種譬喻、一種溶解。我退到那無條件的愛、和平與喜悅，就待在這裡。

寶寶太陽，小兒，叫著說：「爸媽太陽，你看，如果我把一束光照在黑暗裡，光就會出現。如果我把黑暗照射在光裡，光也會出現。」

我想到一段有趣的回憶，在出生之前，我記得父母，我記得在無條件的愛中，我選擇他們，他們在無條件的愛中也選擇了我。每個小我創造的痛楚都是一份禮物，把光照在需要療癒的地方。我記得我的目的就只是要以歡笑來啟發其他人也帶著龐大的喜悅一起歡笑。我記得自己是一個靈，就像穿上戲服般地接收個性。誕生、內心深處、我的名字蘿莉・摩爾……，這些都讓我笑了出來。我記得自己是受歡迎的，這讓我充滿了欣喜！

永恆故事的開始

就在我回想這些的同時，蟋蟀、光的存有、鳥兒開始在外面唱歌。我活在一場夢裡，我們全都如此。所有人的夢能同時存在。

「所有人都受到邀請，無人除外。所有宗教最終走向同一條路，所有的故事都有相同結局。」爸媽太陽一起這麼說道。

月桂樹莉亞亞在外面唱著永恆之歌。我的手指敲擊著鍵盤的時候，房間裡瀰漫一股柔軟的寧靜。有一個念頭浮現，加入政黨、選擇團隊也是一種證明小我的方式，而我屬於更大的，在心裡我是所有政黨、所有宗教，是哭泣也是歡笑，是我欣賞的榜樣也是我不喜歡的人。我是一切，一切是我。那麼，除了原諒之外，還有什麼要做的呢？只有愛是被需要的。

「如果妳要選擇，那就回家吧，我的愛。因為妳此時此地已經在家了，妳一直都在。我的故事是永恆的開始，而妳是我的孩子。」

與造物者一同生活

動物邀請我們回到生命的家

請求星星、海豚、鯨魚，還有其他動物幫助你踏上旅程，進入這全新的「天堂就在當下」的境界，也請求你的體驗永遠地服侍，並把它獻給光和愛……

許多動物是以皮毛或羽毛的形式身為覺醒的老師，你可能會發現家裡的動物朋友，在任何情況以和善的方式，輕輕把你推向和平、喜悅、嬉戲、慷慨與愛。我們聽見、看見、感受到與動物的交流，我們本有的心電感應會被喚醒，進入受恩寵的無條件的愛中。動物不讓我們透過從心分離的智能來溝通。要了解動物的交流，人一定要和普世的心一起共鳴。

透過動物朋友們，無條件的幸福、快樂和喜悅向你招手著。在這顆星球上，你能達成立即開悟、覺醒，生活就是許多覺醒的日常事件。這是你的選擇，而動物們就在這裡提供幫助。

二〇〇四年南亞海嘯事件傷害了很多人，而許多動物逃到高處避難。動物之間有一個重要的資訊網路，有來自太陽、地球、水和空氣的訊息，所以動物們知道該去哪裡。當我們聆聽動物，我們便回到太陽、月亮，以及生命之源。

有人選擇持續製造混亂。利用生命來想方設法製造混亂的人，會造成極其悲慘的後果；利用生命來研究、分享光的人，會進而融入光裡。你希望的感受和不希望的感受，會有如雲朵在天空中移動般一一飛過。就當作實驗吧，試試看以光來探詢。

動物朋友的邀請

當意念形成，我們決定把意識專注於某個地方，地球會把大量的個人與整體的專注經驗反射出來。你的動物朋友們鼓勵你，也邀請你加入愛。樹木吟唱著這事實。

如果有五個人從不同角度看花瓶裡的花，每個人所見到的都不一樣。為什麼這稱為主觀，而不稱為客觀？若每個人都用最好的相機拍一張照片，顯現出來的成像仍會不同。為什麼要爭論誰對誰錯？全部都是對的，一切能同時發生在愛的真理中，真理帶有形形色色的反射。每個人都有權利擁有這體驗，多種體驗也能同時真實存在著。動物接受這情況，對此感到平靜與滿足，和平地存活在其中。我們身邊充滿開悟的榜樣，想達到開悟與感受快樂，就去請教狗、鳥兒、兔子、馬、貓或其他我們深愛的動物朋友吧！

若你生命裡的動物正在困境裡，你意識中是有些不和諧的狀況。親愛的朋友們，你不是壞，你也沒有錯，而是有深受祝福的機會去擴展至更大的光明與完整！當你發現動物的困難，協助動物回到和諧的狀態，要明白是你的動物在為你服務，幫助你恢復原有的潛能，回到一種更和諧的存在。

當動物身體、情緒不舒服，或與你鬧彆扭的時候，一定是有些重要的事情要讓你學習。好消息是，你正被請求去學習愛。消除動物是個「問題」的概念，而去感受你被呼喚的是什麼，是更多歡笑嗎？對他人的同理心？對自己更慈悲？還是學習仁慈？動物經常吸引我們的注意力，呼喚我們去做正向的改變。在你學著去聆聽動物朋友，他們透過心、靈與無盡來對你說話，而不是用智力的範圍限制來告訴你，這個概念會成為你所感受、見證和體驗的事物。

「到幸福裡來玩樂吧，我的朋友們。」海豚說道。

「成為喜悅。」我的貓老師傑西這麼說。

脈輪裡的能量

能活化所有脈輪的熾烈光芒就只存在於生命的浪潮中，我們可能覺得充實，就好像愛人者與被愛者的結合，這是很自然的感受方式。活在情緒、精神與肉體的境界，如同活在靈魂的境界與合一的心，就是動物體驗他們自己的方式。當我們允許自己臣服在這樣深度的體驗當中，會發現我們是永恆與合一，正在體驗人的個性。有這種體驗的時候，你可能會感覺到每一個脈輪都有寰宇流動的高潮感，就是這樣。這就是完整又令人欣喜的合一狀態。你既是愛人者，也是被愛者；是男也是女，有如所有人都在很煽情、美好、充滿尊重、生命既給予又接收的方式裡。你是光所組成，你的存在是所有脈輪裡流動高潮的能量。要活著就是要與生命完完整整地在一起。

不用嗑藥就能感受到生命這份美好的禮物，也許在你冥想時、在大自然散步、與你所愛的人親熱、工作、採買東西的時候，這幸福、完整的自然狀態就會在你之中發生。你會發現有合而為一的愛、心智，和相同物質結構活在這個世界。需要原諒的是那忘記心的心智。那裡沒有別人，只有你，被愛者與愛人者。動物們知道這是真實的，宇宙也和它自己的博愛同在。每個人都值得記起他或她肉身的這種體驗，在他們明白這是有可能的時候，女人會把月經疼痛轉化成身體內的狂喜，把不愉快的心情轉化成無傷大雅的失調和弦，無法干擾更深層的平靜與愉悅。

人們用即刻顯化來將疼痛轉變成和諧的愉悅感，意識超越一般所說的七個脈輪，在許多能量中心反射出生命的同時都存在著。現在最被認同的個性就僅僅是我們這一生的發聲器，而學習給予、接受和轉化的角色，能讓其他人也跟著我們一起進化，我們是串流進化發展的力量。

天堂就在當下

要信任你的直覺，有一個超越你、我、我們、他們所體驗過的層次，那是充滿祝福，是不可思議的身體和由光組成的身體。請求星星、海豚、鯨魚，還有其他動物幫助你踏上旅程，進入這全新的「天堂就在當下」的境界，也請求你的體驗永遠地服侍，並把它獻給光和愛。

動物教會我要謹記我住在每個人都是全然完整的世界裡，女性和男性在他們自己之中是完整的。一切我們以為與別人互動的體驗，其實都來自於自己。當我們認為生命的際遇導致我們有感受與念頭，有可能其實是相反的嗎？長頸鹿透過將經驗感受轉移到我的意識裡，來告訴我所有經驗都是感受的外在顯像。念頭是進入三維空間的連結，在三維空間裡我們所創造的會確實被反映出來。

貓大師傑西說：「我親愛的朋友們，夢想你的生命，直到它成真吧，這就是古老的方式，也是唯一得到無條件喜悅的方式！」

大象說，他們覺得動鼻子帶來欣喜若狂的快樂；長頸鹿在喉嚨中享受神聖的喜悅；當領頭的鳥跟隨鳥群的心衝破天際時，遷徙中的鳥群體驗到合一的歡愉。閉上眼跟著所有強烈欲望，讓身體自在地舞動，發掘超越肉體的新境界。我說的能量並不能拿來做什麼，它就只是存在，透過全部又完整的生命散發出來。對於這點，太陽相當明白。

關於生命中的轉折

來自動物們捎來的訊息

「要知道妳也會張開那神聖送給妳的翅膀。選擇愛吧，讓衝突變成促進原諒和軟化。去找到一個安穩的地方，那是比任何衝突所想要表達的更加甜美，就好好待在那裡。」

有一位我付出許多愛、關懷與和善的客戶，打給我說我應該為她遲到負責。我有建議她準時抵達才能盡其利用諮商時段，她卻打來說，不知道自己遲到了，這是我的錯。我覺得難過，卻也感到好笑。以前我就聽過同樣的說法，她把成年生活中所碰到的失望處境都歸咎於父母，她對丈夫感到不滿，就連她的上一位治療師也對不起她。我有多麼希望能夠幫助她發覺負責任的喜悅，如果她說：「對於遲到，我向自己和向妳道歉。我會盡力準時。」她會變得有多麼快樂呀。平靜正在等待她。

當我對她說，是她自己要為遲到負責時，她一臉驚訝，說這個諮商帶給她強烈的情緒反應，讓她在過來的路上分神，結果轉錯彎就遲到了，而我是她的治療師，這很明顯是我的錯。在我聽著這曲折費解的邏輯時，注意到有一隻蚱蜢在我身旁。這隻小蚱蜢明白在隨時隨地都可以揚升到無條件的覺醒。我們人類有時拒絕說「對不起」這麼簡單的表達，在整個地球上造成巨大的緊張感。這隻蚱蜢跟我對於「存在」這份禮物感到興高采烈，我開始記錄任何腦中微小的，那些讓我不用為自己的經驗所負責的念頭。為此，我向自己道歉，向宇宙萬物道歉。道歉的同時，彷彿綑綁我全身的細絲就這麼解開了。

我對自己所做任何可能導致這位客戶諮商遲到的事而向她道歉。她說由於我要求她準時抵達，讓她感到極其不安又受創。我們兩人敏感的心弦皆被撥動，我感受到我們內在升起的悲傷。

選擇是否專注於恐懼

蚱蜢高高地跳起來，我們之間自我折磨的強大波浪將我的心濺飛到空中，我發現自己高離地面，比建築物和樹木更高，而我的心堅決地在愛裡。

你可以選擇要不要專注在恐懼上——我可能會撞到什麼、我可能會跌倒、如果我再也不能進入我的身體該怎麼辦，可能會發生什麼意外。我的心反而只專注在愛，我就在愛裡。我全然專注於內在能聽見責怪聲音的悲傷處。身體裡的緊張感轉換成更緊繃的委屈感，然後釋放到喜悅的愛中。我解開與這位女士的心結，對她仍保有一顆溫柔的心。

「這就是我一直祈求的！」我驚呼道，因為我一直想要飛到太空。一切存在所產生的波浪變得愈來愈大，這浩瀚遼闊把我帶入充滿愛的喜悅，溫柔地擁抱令人不快的對話，並且在對話消散時，依舊抱著它。現在，她的聲音融化了我的心。儘管與這位女士互動的細節並不是我的選擇，我仍有一個渴望，要與這一切同在愛裡，而我也的確如此。

接著，「我」消失了，「愛」就這麼愛著她自己，將我包含在其中。在飛翔中感到安全，我仍然安住在身體裡，心裡的波浪跳著舞。這隻小蚱蜢一躍而上，鳥的魔力、我的心跳，都向我展示該如何移動。這顆心充滿感恩的浪潮、悲傷的浪潮，和想要與不想要的事件所引起的不同情緒。

「我的目的是支持妳盡可能利用這個諮商，很抱歉導致妳焦慮、惶恐。妳想要的是什麼呢？」我問道。

「我沒辦法相信妳，身為一位專家，妳應該要早點打給我，說我遲到了。」她說。

有時候，人們對事情的扭曲讓我很想哭。但這次，有了蚱蜢朋友的協助，我則是往上跳躍，跳出妄想。跳的時候我咯咯地笑，我們是多麼可笑。我對我們感到尷尬，對我們共享這奇蹟般的存在，卻做出這樣的狀況而覺得尷尬。我害怕被評論的恐懼將許多荒謬的狀況吸引到我身邊，體會這個恐懼。我給自己溫柔，也將溫柔給所有共享著一顆心的自我。溫柔蔓延著，蘿莉再次融化。

持續擴展的生命漣漪

羞辱的感受在我身體裡像是火焰一般燒起來，就在我全然感受羞辱時，有一股如大地般的力量在肚子裡升起——意念中帶有的溫暖，以及我給了這位女士的所有力氣，和我多次不只是打電話給她的種種付出。回到自己，對於自己是如何被對待而感到憤怒，肩膀因而變得緊繃起來。此時，那隻蚱蜢再次跳躍。

在我的心飛到憤怒的情緒之中，感受起了化學變化，如漣漪般向外擴展，安全又自在地流動著。「我為吸引『責怪』的負面能量負起責任，請宇宙把互相尊重的能量帶到我這裡吧。」我對宇宙這麼說。快把這位女士帶走，再給我其他懂得感恩又負責的靈魂。

神聖母親陪伴我、引導我、保護我，她確保我在面對每一個轉折都是安全的，並且以聖母瑪莉亞、靈性老師甘嘉吉、阿瑪吉、觀音菩薩、蚱蜢、羔羊、鯨魚、貓、我的朋友、這位客戶、我自己、我們的心和你的方式現身。當我對這位憤怒的女士溫柔以待，神聖母親的多種造型便在我眼前閃過，我感覺到她的溫柔與我的溫柔是一樣的。

永遠安全，永遠存在，神聖母親用愛來呵護這支生命之舞。加入這支舞的是蘿莉的身體、個性和心智，以充滿藝術的方式來傳達這個化身。我記得就在自己融入這支舞的時候，我是中性的光芒。能夠活著就是個美好機緣，欣喜若狂般在我心裡綻放著，這一切再度消融在寧靜的夢幻之中。

我為這女士說了一些祈禱文，內心又感到備受折磨。當我的心飛到折磨裡，它便退去，寧靜隨即到來。生命的漣漪持續著，漣漪中有如同擁抱般平靜。

生命的不同樣貌

第二天，她取消與我諮商的時段，讓我鬆了一口氣。另外兩位我一直都非常喜歡的客戶打來預約諮商，也都準時出現，並且表達深深的感激。因為這份禮物，我感謝神聖母親、蚱蜢、鳥，和我的心。我們之間交織而成的種種，創造出美好的改變，與新的人物在新的情境裡真是有吸引力。我再次沉浸在這份吸引力時，蘿莉消散了，敬畏的力量散發著愛。

我的心飛回到身體，停留在深處，並感覺到平靜擴散。過了一會，我開車到市區的賣場，看到許多面孔，有些是開心的，有些是難過的；有些充滿自信，有些很絕望。我很想把幸福分享給其他人，但是大家似乎又冷又餓，集中在結帳區排隊。冬天已經到來，人們卻還沒有準備好，穿得不夠，且仍然渴望著夏日的最後一抹陽光。有許多排隊的人正在發抖，有人隨意聊著他們的恐懼和抱怨，其他人分享著感恩、幸福與愛，讓我們感到飽足。然而這全都在賣場的隊伍中上演。不論我們身在何處，心中的聖殿就在那裡。沉悶感擦拭了幸福。我安穩地停留在聖殿裡，那裡有著深層的平靜，讓我得以放鬆地沉浸在那裡。

我發現有人沒有梳頭髮，有人花時間化妝、染髮，他們看起來都很像，而我在他們臉上看到甜美。每個人心中都有一束光芒。有人在厚實的愛裡，有人則是在沉重的悲傷中。

你可能對那些曾經惹惱你的人產生憐惜，明白他們的習慣其實你也有，只是形式不同而已。你可能發現自己被無限、無因無由的平靜和愛所占領，因為它們本來就存在著；你也可能發現你所珍視的一切，在濃烈的愛與光芒的照射之下退到次要。朋友們，要相信新的黎明正要來臨，我們現下的生命是一件藝術品，你會發現我即是你，你即是我。

留心神聖的訊息

動物們一直有耐心地指引，等待人類回歸到愛、幸福與和平，並且透過仁慈和同理心來教導我們；也透過反射出我們心中的陰影來讓我們明白，在我們允許時，照映出我們寬宏大量的愛。如果有動物引起你的注意，要知道她或他正在把神聖的訊息傳遞給你。

最近，當兩位客戶駕車駛離工作坊時，我的貓頭鷹朋友來到我身邊。這隻貓頭鷹住在我家旁邊，他讓我知道自己在覺醒的道路上。

在我的客戶中，有一對伴侶選擇活在無條件喜悅之中。他們初來諮商的時候，互相責怪彼此，離開時卻和對方表達道歉與感謝。貓頭鷹出現，對我說：「要知道妳也會張開那神聖送給妳的翅膀。選擇愛吧，讓衝突變成促進原諒和軟化。去找到一個安穩的地方，那是比任何衝突所想要表達的更加甜美，就好好待在那裡。」

「妳正成為我們，而我們一直都是妳。妳正成為曾經被遺忘的，也正回到完整的愛。妳一直都是自由的，現在是妳回想起自己真正是誰的時候了，想起妳曾經是誰，永遠會是誰。成為愛，成為和平，成為喜悅。」

鳥兒們唱幾首歌曲，蚱蜢也過來探訪我，然後再度跳躍。我所做的選擇與生命伴隨我的方式相呼應，風裡吹送著愛。

夢境中的那道光芒

白色海鷗帶著話語來到夢裡

以前我還不能全然相信這些，所以慢慢地與生命互動，而不是直接進入。曾經半信半疑，害怕失去一切，因此有所抵抗。然而，我每日每刻盡可能地臣服，我所懷疑的那些，再再都證明是真實的……

海鷗在海洋和陸地、人類和乙太能量之間出現，以實體存在著，同時也是夢境時分的照映。他們帶著輕快的能量飄著、飛著，輕輕地揮手，散布在地球各處。我感受到他們以神聖母親的身分聲聲召喚，且他們把心提煉為輕巧的載具，乘載著即將給予的純淨服侍。他們所帶入的是一股清新的能量，並且重新調整了他們的貢獻。這能量鼓勵人們每天把所有喜歡、不喜歡的人格特質都獻給光。

「在這裡，每一個體驗都會回收到光裡，對地球上的所有存在來說是大規模的清理工作。要持續把所有的經驗賦予光，你會感覺到有對羽翼高高提振起你的心和靈魂。我們的羽翼就住在你之中。」

他們帶著能量說話，翻譯成文字是這樣：「你會找到人性的模式，透過自己，你也會找到你的模式。繼續努力，繼續允許，繼續清理。你們許多人會夢見白色的鳥、白色的神話動物帶給你新的、有關於我們是什麼的理解。加入他們，這是快樂的旅程，而他們有純粹的智慧。」

成真的夢境

最近有一隻沒有實質身體的白鳥在空中微微閃爍著，他降落在我的枕頭上，對我說：「妳所有的夢境現在都成真，此刻，能被看見的維度世界與其他境界之間的面紗已經為我們掀起。」

這隻鳥所說的夢境在我出生以前就有了，你們有些人能認出來那是自己的夢。我與這個夢一起投胎轉世來到這裡，在我心中，世界會將它自己的內在輾轉於外，回到一顆充滿愛的心，那是無條件的、宇宙合一的愛。我在六〇年代回到地球，到了九〇年代，我對於這個結果感到失望透頂。

如今，夢在我的存在裡成真了。這裡有空間保留給每一個喜好和不喜好的情緒與經歷，而和平在支撐著這一切。世界和平的實相就在那些能夠理解的人的心中，然而，它並非能被志同道合的群體其領悟所測量出來，也不依附於外在關係的感受上。這份合一的愛存在於每顆心，讓所有自我與發生的際遇能得到清理。我們的自我有光在支撐，甚至看起來很美好，像是幫人服務、在依附的愛裡、協助他人。依附在任何事情上的所有都是自我，用自己填滿別人的裂縫是自我；利用別人的能量來尋求完整也是自我。自我並不壞，但是在最高的實現滿足裡，只占了少部分，就彷彿無限時間中的一分鐘。

我們肩並肩，和宇宙的心連結著，且各自與自己光的本源連結，讓我們透過自我直接退散到支撐著自我的那個東西。不需要終結自我，每個人持續有自我的聲音。藉由迎接生理中情緒意識的自我，透過自我的表達，我們被平靜地帶回家。

你就是那道光

當我們把所有都獻給白光、金光、紫光，我們也變成光，且唯一的興趣是成為光，光也變成我們。神聖母親將我們擁入懷中，同時她也在我們的懷中。然而，在這個過程裡，所有的人格特質、才華和能力、陰影和弱點、尋求和提問全部進入高頻的振動中。在我們以一束光的形象去體驗人生，能感受到特別的愛與喜悅，這是不可思議的充實感。以前我還不能全然相信這些，所以慢慢地與生命互動，而不是直接進入。曾經半信半疑，害怕失去一切，因此有所抵抗。然而，我每日每刻盡可能地臣服，我所懷疑的那些，再再都證明是真實的。每一次，我讓內心的蜿蜒道路與發生的種種相匯，開闊的愛便隨之升起。透過體驗依附的愛，衝突變成一種機會，得以去發覺無條件的愛。我感覺在我世界裡的所有人，就是這束光的真實樣貌！成為愛勝過於尋找或給予愛。愛的確在身、心、靈的體驗裡更加廣大無際、波瀾壯闊！只要經由任何的關係或際遇就能夠找到這份愛。

住在你們人類家裡的動物以獨立個體之姿來展現自己，同時他們也覺察到將他們散發至此刻的共享光芒。貢獻給這束光，你的獨特性會被強化，並且永不會失去，就如同許多動物所示範的那樣。若和你一起生活的動物生病了，或鬱鬱寡歡，他們其實正邀請你去發覺你內在的新東西。這些朋友們正無私地讓你將未解決的自我去通過他們的身體，進而療癒最深層的你。透過療癒你自己，也幫助他們的健康。要歡慶動物朋友們願意成為那合一的愛的光芒！

「我希望就你的理解來說，這是有幫助的。要好好的，要成為光，你就是光，其他一切只是分裂的投射。你是白光的翅膀，你就是陽光。」傑西代表動物朋友們說道。

「將你的內在知曉作為指引，雖然量表、教條和系統一直都能帶來幫助，但你就是真理。唯有心的翅膀能真正帶你解放，使你全然體現自己。信任你的見解是超越其他人的。你誕生在夢裡，所以值得在那裡飛翔。你的生命是自己的創作和研究，是你的藝術品和傑作。你比任何人更明白自己靈魂的真理。自由地飛吧，也要輕柔地活著。允許太陽的雙臂抱著你，鳥兒的羽翼指引你。永遠都自由，如詩般地活，你是安全的。」

由光所構成的我們

貓的智慧深化我的理解

人類也能試著去了解其實我們像貓一樣，是由光所構成。我們的個性和身體就像為了要做某些服務、去學習課題、分享天賦所挑選的搭配服裝。最終的實境裡，一切都是愛。在所有的境遇裡，我們都是愛與被愛的……

我從貓夥伴身上獲益良多，他們引導我去了解我的靈魂是一次性地投身在這個身體，透過這樣的結合來進行轉化、學習與進化。我的身體是靈魂暫時的居所，而靈魂是身體暫時的守護者。

貓讓我重新理解身體是什麼，認識我與自己身體的關係，就如同我與人類朋友、動物朋友，和所有生命的關係。若我用溫柔的愛來對待身體，身體會信任我，對我敞開心胸。若我的身體和靈魂在感恩的連結點上交匯，便會感到欣喜若狂。貓相當了解這種幸福感，會在地上打滾、從高處一躍而下，也會開心地飛奔到樹上。

人的身體是高度忠誠的，每個細胞有自己的調性、目的、意圖與震動，並且很歡喜地服務著身體。許多貓對於每個身體感受保有相當高的覺知，每個細胞有強大的動機去服務這選擇和身體結合的靈魂，此身體也擁有所有細胞的支持。當我們被愛時，身體會如樂曲般地回應愛，能安撫靈魂，給靈魂更強大的力量，進而產生喜悅。

找回和諧的方式

若我將世界看成達到和諧、健康的無限機會，許多面向會支持我去轉化健康的狀況。幾乎所有的存在都有健康問題。在我們聆聽溝通、感受身體問題時，即便狀況不穩定，我們仍安住在聖殿裡，保持平靜的心。這就彷彿是暴風的中心眼，如同貓朋友所知，我們能同時感覺到風暴與中心眼。我們能將意識慢慢地一層層滲入那些喜歡和不喜歡的、活在我們身上的感受與情緒。

心智所認為的「痛苦」是一種抗拒的方式。我們一次又一次地複習有關痛苦的課題，有時透過情緒的體驗，有時是身體的體驗。薩滿療癒師貓席拉再度提醒我，痛苦是一種不和諧的和弦，它在身體內彈奏樂曲來吸引我們的注意力。試著以充滿愛的方式來迎接這和弦，就只是如所其是陪伴它，全然感受它的震動，再從那裡尋找幫助它回到和諧的方法。貓就以這個方式活著。

支持身體和諧的方法包括東方或西方的醫療形式，也包含在大自然裡的時間，做一些帶給你快樂的事情，唱一些能提振、平衡情緒的音樂，這都是方法，你也能找到幫助自己回到和諧的更多方式。

身體活在溫度、光和聲音裡，而「評斷」會使它衰弱。只要透過愛，就能將我們所送入身體的轉化成愛。當我們認為某些事情是好或不好的，就是用評斷在餵養身體，造成情緒或身體不適，讓身體感到痛苦。利用任何所需來對待這些不舒服很重要，身體能夠進而得到轉化。

貓就如同河水般流動著，在萬物來去間，他們對於來到身邊的一切友善以待。在這樣的行為實踐中，他們發現「和諧」含括了川流不息的可人與令人不快的種種經驗。

一場名為「生命」的夢

貓為日、月、地球打呼嚕，許多貓正帶領人類進入光體的維度。一個人認出自己就是光，即是體驗生命的一種方式。貓明白情緒、念頭、行動與感受的流動，其實就如同靜止卻永恆發光的太陽表達行動的車輛。在所有交流中，「中性光意識」正是貓散發出來的愛，這深深敲響我的內心，我被召喚要以愛和奉獻來對待我的朋友：太陽。貓的智慧讓我帶著感恩的心雙膝著地，真心感謝造物主和一切萬物創造了貓。就在我和摯愛的傑西一起面向太陽坐著時，我回到內在全然平靜之處。三天的埋天怨地就此轉化成光，不滿足的感受消失無蹤，淨化了我，只留下這偉大的謎與生命的奇蹟。

我的光體深處感覺到所有脈輪相融為合一的心，我成為寬恕。我將身邊所有的存在視為自己，我只能去愛。不需理由去原諒或去愛，我就只是願意寬恕，並且成為愛。我選擇把我共同創造的夢延伸至所有來到面前的一切。我的貓是被愛的，他照料我，透過我傳達這意識，提醒我這意識是我自己的。

所有體型的貓都很勤奮又專注地牢記光與合一的實相在活著，以個體來說，所有的貓都是一種能量震動的表述，他們在地球上添加了獨特的和平與歡呼。對貓來說，所有的生命都是一場夢，在我們稱為「醒著」的狀態時，他們與在生命裡流動的能量互動，慢、快、大、小、快、慢，真是愉快呀！貓彷彿就在佛陀的狀態之中，既能見證也能感受到生命裡每個微小的起伏，敏感地在血肉裡來去。

所有脈動中的對話

貓知道他們的實質身體就像一套角色戲服，用來表達他們的特色。當貓睡覺的時候，可能仍然保持在完全有意識的狀態，對於自身周遭有高度警覺。貓能在自己內在感受到他全部的世界，對於外在發生的事情、人物、動物、植物也相當敏銳。貓能用心電感應的方式與實際離他很近或很遠的存在連結。

身為人類，若理解我們與身邊所有的生命交織連結在一起，會發現看似在我們以外的生命，其實在我們之內；在我們心中的，也全在我們周圍。內、外並沒有一條界線，所有生命都活在我們心中。我們透過恩典或去留意所有的感受來理解這個概念，如果有人與動物進行溝通，也會明白。動物不回應與生命精髓無關的事物，和那些智力的討論，貓與在所有生命裡的合一脈動對話。經由學習和貓說話，我們將打開內在的覺知，我們的存在能更和諧，對於生命裡所遇到的任何事物有更敏銳的同理心，並且感受生命透過我們來創造它自己。

就在我們全然感受融合時，情緒來了又走，敬畏、景仰、忠誠、美麗和愛的感覺會帶著我們。如同貓所知，我們會發現那更深層的中性溫暖生成所有的感受。

人類也能試著去了解其實我們像貓一樣，是由光所構成。我們的個性和身體就像為了要做某些服務、去學習課題、分享天賦所挑選的搭配服裝。最終的實境裡，一切都是愛。在所有的境遇裡，我們都是愛與被愛的。

愛是美好的選擇

貓可以全心專注在一個實體的地點，同時把靈魂帶到其他遙遠的地方。在愛的實相中，距離並不存在。有一隻叫做無名大貓的傢伙，他為了讓我學習，經常出現在空靈中，但還沒讓我知道他的實質身體在哪裡。有些動物早在實體境界與我相遇之前，就先來和我對話；然而有些動物住得太遠，沒辦法在實體世界探視我。我的貓朋友史諾住在聖地牙哥（San Diego），卻把她的樣子傳到聖塔克魯茲（Santa Cruz）給我。我的許多客戶也說傑西會以靈體去看他們，幫助他們的生活。

如果人困在情緒裡，將情緒感知為終極的實相，而非只是來去的體驗而已，那他可能會因此而誤解貓。有些時候人類將自己的不舒服投射到貓身上，而貓卻能輕鬆面對這些狀況。如果貓準備好要離世，通常會在離開前，把他們的人類朋友帶至平靜。貓普遍了解離開身體就只是離開一個外在的殼，當要離開時，會有一層層的變化，而靈魂永遠不會與摯愛的人類夥伴分開。

我已經明白沒有理由不去付出愛，而付出愛也不需要理由。愛只是一個美好的選擇，就這麼存在著，並且在我們將自己獻給它的時候帶著我們。在我的光體裡，我記得所有人都是愛人者與被愛者、孩童與父母、兄弟姊妹與同事，超越那些被指定的角色，只有光。在光裡，每個存在以單純的特性發光，有些存在是同理心，有些是喜悅，有些是歡笑。歡迎大家都去使用全部特質中的任何一種！同時，每個存在從出生到離世都帶著一個基本的特質發光發熱。感謝傑西把這覺知與這時刻帶給我，他的愛是如此純粹又真切，讓我臣服在愛裡。傑西的自我是液態般的能量和明亮的光，向外散發至萬物。

「要相信每個人用自己的速度達到這覺醒。帶著好玩的心，這是很有趣的。」他說。

謝謝你，傑西。謝謝你，貓老師們。

在永存的愛中起落

巨大羽翼擁護著愛

他們圍繞我，有一隻在我頭上只有幾呎之處盤旋，擺動雙臂飛著，有一隻向我展示衝向天際的姿態，雖然我的身體無法做到，但我的靈魂跟著這個朋友一起飛翔，身體得到深度的淨化……

聽著鳥兒們合唱，我的心靈也一起歌唱。不同聲音、體型、顏色的鳥兒們一起齊聲高歌，充滿變化的音調可能造成不和諧的旋律，卻依舊變成深切又和諧的愛之音。我注意到自己是愛，所有人也僅僅是愛，我們的皮膚、血肉都是愛。

消融在這份愛時，我並沒有身分認同，寧靜之中，只有一個聲音、一道光正在發生著。蘿莉是來自於自己、社會、和祖先的多種回憶中，一系列短暫的概念和能量，各式各樣的情境在造物者愛著自己時，在她之內升起又落下，發生又結束。我逐漸消失在鳥兒的歌唱中。

當我給花園澆水，我再度找到身分，感受到我是你，而你是深深被愛著的。就如同太陽在下山時和地球交談著，一切都在這龐大的脈動之愛裡。在他們的對話裡，太陽和地球合而為一，動物、昆蟲、植物與我被吞沒在愛中，色彩出現又消失。我同時回到過去、跳到未來；在未來，來自過往的呼喚，生命初始之聲傳送到永恆即是一種創造。地球上千變萬化的生物都在愛的動能中，即使地球和我們一樣有傷痛，她仍然留在愛裡。

愛用力、溫柔、快速、緩慢地回應。鳥吟唱許多愛的特質。地球深處傳來敲打的鼓聲，讓鳥用充滿節奏的信念吱吱叫著。深切的永恆就在這裡。接著有一隻鴯鶓飛到我們的車道上，無法得知他的來處，他就這麼與傑西一起坐著、聊天。我瞬間回到這小小的自己，回到我的人和個性時，看著這隻高大的鳥和毛茸茸的貓待在一起，這個情境讓我放聲大笑。天地間的創造真是歡樂、有趣又令人感動。

生與死的轉換體——火雞禿鷹

漫步在墨西哥洛雷托城（Loreto, Mexico）的沙漠，我遇見一隻火雞禿鷹的遺體，他的化身不久之前才死亡，完全放下了身體。翅膀張開，胸口對著天，正是一個過渡的狀態。我坐在這位朋友旁邊，陪伴他進入乙太能量，用愛進行心靈間的互動。

我繼續走，發現另外三隻火雞禿鷹，便和他們待在一起。他們圍繞我，有一隻在我頭上只有幾呎之處盤旋，擺動雙臂飛著，有一隻向我展示衝向天際的姿態，雖然我的身體無法做到，但我的靈魂跟著這個朋友一起飛翔，身體得到深度的淨化。他們把我當作家人，我明白自己無拘無束地在肌肉間波動的感官漣漪中起伏，一切生命帶給我豐盛的喜悅。新鮮的空氣進入我的鼻子，邀請我的靈魂走進信念的懷抱。

我明白這些無私的大師們是實體世界的轉換體，把不被需要的當作食物，透過他們的身體轉化養分變成肥料。我對他們升起敬意時，他們也同等對待我。生與死、穿著戲服與脫下戲服的差異，其本身就是一個宇宙。無始無終的統一合聲就存在愛裡。一切擁有暫時生命的生物、一切的表現和際遇都在這份持續的愛中起落。

當念頭退去，愛融化我的心、靈，進入那本質裡。我成為愛人者，並且在我自己的心裡深深被擁抱著、被愛著。在一種絕妙的、帶有高潮感受的結合裡，生命以森林、鳥、人、呼吸和空氣的形式震動著。

一切萬物都被這份愛給浸透，然而也只有愛完整地存留下來。「存在」就是神聖母親的營養乳汁，而我們的生命即是她的雙臂，所有的動物與人類是她的孩子。在這裡，只有愛。對於我是誰和我要表達的種種，一切的隻字片語都難以言喻。

「親愛的朋友們，我是你，你是我。」火雞禿鷹們聯合起來用著同一個聲音表述這個信息。

過了一天，我注意到一群火雞禿鷹在天上聚集著，他們接續加入，直到共有二十七隻。我打電話給一起在洛雷托的客戶們，他們要來參加我的講座。

「那些就是我曾說過的禿鷹朋友們。」我說道。

就在克蕾兒走過來看的時候，其中一隻火雞禿鷹飛向我，就在我頭上。我對他揮手，他也向我揮手，我們就這麼分享著快樂。我們的情緒升起、落下，而火雞禿鷹朋友們停留專注於永恆。我感覺到他們就活在我心中。

獻上感恩，獻上愛

動物渴望進入你的心，他們會跟你談你所能過的最美好生活。當他們來找你的時候，要溫柔地聆聽。獻上感恩，獻上愛，你就能夠聽見他們。

每個靈魂，不論住在動物、植物或人身上，都有相同的意識、相同的愛。每個靈魂是擁有意圖的夢境，透過化身來傳達一種不可或缺的神聖特質，以各種聲音、視覺畫面、想法和感受，活在夢境裡。

火雞禿鷹朋友們散發出信任、和平與同理心。

你所遇見的每個人、每個團體和概念都擁有充滿著愛的意圖，那是天賜的禮物。我們其實會輕易對其他人下結論，我經常聽到火雞禿鷹因為吃垃圾而被譴責，但是在他們高貴的圈子裡，他們的舉動是無私的。唯有去靠近其他人，感受他們的心，帶著感恩，將我們的意識和他們的意識融合在一起，就能發現他們的天賦。

在人類的世界裡，我們有時候會錯失看見別人天賦的機會。如果我們隨時都想批評別人，就要看看自己的內心，是什麼讓我們無法保持平靜和自在。如果我們用每一個呼吸去感覺任何升起的感受，就能像火雞禿鷹那樣，讓每個感受消融在愛裡。

愛無所不在，任何你心念認為並非愛的，都等著你和自己的內在重新達到和諧的狀態。動物是教導人類這方面的大師，我向火雞禿鷹家族獻上感恩，謝謝你們帶我到廣大、無盡的愛裡。

乘著海浪回家

鯨魚們給人類的諄諄教誨

謙虛的人們，要信任海豚，海豚把靈魂的精華給你們——歡樂和喜悅的滋養。就和那喜悅待在一起一段時間，讓它與你結合，從你身上散發出漣漪，圍繞在廣大的人性之中。就這麼做吧，如今這是你的勤務，你唯一的任務，這就是全部……

我與鯨魚們在實體世界碰面前的好幾個月，他們就已經來找我了。他們的實相是不停止的奉獻，體驗是與一切生命的無盡連結。他們邀請我加入所有生命的共鳴中，是以不同的形體和動作所呈現出單一的光，而這個覺醒接受了持續的體驗，在這體驗中，每個存在永恆地誕生、融化在光裡。我們獨立個體的本性在帶著那無盡的合一光芒之中，變得更加顯而易見。

在加州，當我坐在室外冥想時，鯨魚在遠距離處找我，我感覺自己彷彿變得更如同液體一般。顯然，距離感只存在於實體世界。那些鯨魚靠近我的感覺就如我自己的心那麼近，他們住在我之內，而我也住在他們之內。

當鯨魚前來時

我和雷第一次抵達夏威夷的摩洛凱島，一隻叫做黑炭美人的狗，以及兩隻分別叫做麗莎、貝夫的貓來迎接我們，他們就住在我們要住的小屋「摩洛凱天堂」中。這三位動物朋友在這段旅程當我們的伴遊，當我們打開車門，三位毛朋友急切地接待我們，引領我們去海邊。我有點搞不清楚一直以來與鯨魚的互動是自己的想像，還是真的來自於鯨魚的傳遞。

在一股衝動下，我對著海裡呼喊：「如果你們真的有對我說話，請於我在這裡旅遊的期間證明給我看。」突然間，一隻鯨魚躍向空中，她的尾巴上下拍打水面，拍了三十分鐘之久。

鯨魚用光的體驗，引領我到新的方向，消除我的懷疑。他們教導我任何我所思考的念頭、得到的感受，都會傳送到宇宙讓其他遙遠的生命去體驗。相同的，我所感受的情緒、表達的概念也被其他生命所感受、表達。其他的體驗正以波動的形式穿透過我的身、心、靈。所有的物種就是帶著不同臉孔的一種有機體。

我與鯨魚老師們的感情日益增加，聽著他們想對人類說些什麼，並且幫助他們將訊息寫下來。

鯨魚老師的話語

停止將人類的利益視為僅僅是隨著時間流逝的文化反思。到海裡來，讓你回憶起自己的本性。讓我們處理你的感情生活、你在地球上的步伐、你的工作，以及你的所有事情。你把生命建造在虛假的結構與希望上，讓我們引領你。放下對社會裡枯萎想法的依附和依靠，這些想法無法再協助你進化，達到來這裡的目標，也無法幫助你以行動去感受生命的渴望。

聆聽寧靜的聲音，融入推動一切的寂靜中，投入恩典的雙臂裡，讓我們溫柔地乘著海水把你推送回家。我們對你的能力感到驚奇，卻不知道你能否看見自己和我們真正是誰。你在夢裡，以新的方式進入我們的夢裡吧，持續讓環繞的水波擴張，讓它將你敞開。

謙虛的人們，要信任海豚，海豚把靈魂的精華給你們——歡樂和喜悅的滋養。就和那喜悅待在一起一段時間，讓它與你結合，從你身上散發出漣漪，圍繞在廣大的人性之中。就這麼做吧，如今這是你的勤務，你唯一的任務，這就是全部。

人們談論所發生的事情、狀況與際遇是為了要有些意義，將長遠的意義植入在各種只能表現一時的儀式裡。人們藉由幻想心智的概念來感到安全，然而事實上只有一份廣大的愛，只要你相信這份愛，你就能自由地回到如家的本性。

當你試圖要把情境策劃成你想要的樣子，便失去了進入幸福之地的演化機會。在你留意到自己消融在愛的源頭時，就已經在平靜裡。真正唯一存在的是合一。帶你回家的船隻也是這艘船航行的海浪。

放下在你腦海遊蕩的、對任何身分認同的依附，加諸在自身的名字只會讓你遠離承載一切際遇的光。你就是光，你選擇體現的表達和參與的風格只是學習用的裝置，你是中性光，就這樣待在如家的本性中吧。

當信念不再動搖

貓頭鷹朋友們的協助

「妳所感覺到的是真實的。金色光芒充滿在新的世界，許多生命都能感覺到。」貓頭鷹朋友讀了我的念頭，然後給予回答……

就在我開進車道時，居住在這裡的貓頭鷹知道我會把車停下來，她停在車子前面歡迎我。我們安靜地看著彼此，那是一股廣大、敬畏的美麗，讓我感到安心。這崇高的生命持續站在我面前，把我的心拉向她。

「妳想告訴我什麼嗎？」我詢問。

「妳所感覺到的是真實的。金色光芒充滿在新的世界，許多生命都能感覺到。」貓頭鷹朋友讀了我的念頭，然後給予回答。她說的所有字句直入我身體的每個細胞中，話語裡的信念更是對著比我個人還要深遠的什麼而說，此刻我感覺到所有生命的連結。

再過幾分鐘，我要打電話給一位叫做艾瑪的客戶，回答有關她的狗家人巴迪的問題。走近家時，我懷疑自己的感知，想確定自己即將提供的重要看法。感覺起來，客戶的狗同伴充滿神奇和特定的意圖，要協助把新的承諾和良善帶到我們的星球。巴迪讓艾瑪充滿活力，並且帶領她到更深層的信任之中。我的自我懷疑來自於不知道艾瑪是否能夠理解狗傳給我的這些訊息。我和巴迪的對話，艾瑪能接收到嗎？我也想知道，我是否將自己感知的方式放入一個或許沒有能力理解我所感知的能量的場景中。有些人習慣以制式的思考方式去理解事物，而這種制式、千篇一律是持續豐盛創造的宇宙永遠無法配合的。

給予保護的金色光

貓頭鷹朋友將金色能量波、敬畏和肯定注入我的心。「告訴妳的客戶，她會理解。」晚一點，艾瑪肯定了我幫巴迪翻譯的訊息，這對她來說是真實的，她感受到訊息裡的真相。

「金色的波正填滿這個世界，這些波是仁慈的，他們就在我們的每個細胞裡。」這些話語所帶來的感受滋潤了艾瑪的心和靈。

最近我祈禱能見到人們有像是動物的意圖，不要被人所創造出或偽裝的表象、情緒所愚弄。有一束從宇宙本源所發出的光穿過我的身體，盡全力保護我，我開始見到自己和他人的正面和負面意圖，經由來自共享的、散發出來的溫暖中的同理心，和所有生命裡不停的變化，來感覺我們共同的存在。每個人與動物皆是獨一無二，透過金色的光震動。

我的貓夥伴傑西用心電感應，讓我看見所有的生命正在行動，參與進化的共同創造。我們一起合作，付出愛和寬恕，並且重定方向，就能馬上改變實相。

這位貓頭鷹朋友利用圍繞在我們身邊、在我們之內那些看不見的協助，來幫助我確認我的信念，感謝她讓我帶著自信與關懷去與艾瑪交談。

進入心中的平靜

與美麗昆蟲的心電感應

蝴蝶和我用心電感應和能量流動的方式交談，我們體現了傑西和我所享有的那份深刻喜悅，也進入心的本質，那是雷和我共同享有的關懷和仁慈、感謝和歡樂、哀傷和失望。所有文字慢慢褪去，蝴蝶和我沉入更深層的狀態裡……

在一個神聖的轉換期間，我聽到敲門的聲音。我打開門，看見一隻金龜子，我叫她露西。她飛進我們家，很享受地在我頭上飛繞好幾圈。她有美麗的咖啡色和白色線條，是一隻六月十行甲蟲。[1]

接下來幾週，每當我正經歷內在的誕生時，露西就會回來，不論我因為喜悅而變得更豐盛、更充滿同理心或信任感，露西就會出現。每次她來訪時，會用敲門的方式讓我知道她現身了。她知道該如何把身體靠在窗上進而發出聲音，同時不損害甲殼。

有一天她決定要待久一點，她坐在我摯愛的伴侶雷身邊，聽著我對他們唱一首歌。

第二天早晨醒來時，露西就睡在床上，和雷、傑西跟我在一起。

甲蟲姊妹回家了

在我們跨物種的共享冥想結束後，傑西開始玩樂。他對露西撲打，我提醒他露西是柔弱的小妹妹，於是他不玩了，改去聞聞露西的鼻子，傑西對任何新朋友都會這麼做。傑西對露西敞開心胸，露西爬向傑西，更靠近他，輕輕摩擦他的毛髮，和傑西窩在一起，躲在他的毛下，和他一起打盹。

就在我們要搬到新家時，露西特別將她的殼留在床上，然後離開。過了一年半，我們住進新家，我聽到雷大喊說：「露西回來了！」我跑到廚房，看見露西在流理臺上看著雷，她用另一個身體來到現在的生命，這個身體和之前的非常相似。雷說露西飛進房子裡，在他身旁飛一圈，然後停在他前面。當露西看到我，她馬上朝我飛來，停在我腿上，待了好幾個小時。我把她放在床上的小毯子上睡覺，並在她身邊放了一瓶蓋的水。

半夜我醒過來，露西和傑西在走廊上奔跑，傑西在地毯上，露西在天花板上，他們用相同的速度配合彼此。突然間她飛向我，停在我的腳上，我拎起她。露西的貼心帶給我愉快的安慰，協助敞開我的心，打開起伏不定的自我，讓愛的無條件信任隨著

1 譯註：又稱西瓜甲蟲。

光明而來。

蝴蝶皇后駕到

許多人固定在週六來上動物溝通的課程。他們抵達之前，雷在地上發現一隻君主斑蝶，她的身體和金龜子差不多大，我們從沒看過像這樣的蝴蝶，她的雙翅張開超過四吋寬。那一整天她都待在地上，學員們離開後，蝴蝶皇后和我一起坐著冥想。光波把我們拉進去，蝴蝶皇后沒有說話，卻一次又一次地散發出清晰的光波。她填滿了我的心，我融化在單純中，而那單純是比曾經感受過的還要更深切。我對她帶來的啟發感到敬畏。

一直以來，我所提到我生命中的情境看起來只是些概念，她帶我走進生命的更深層中心。我明白那些我們人類為了達到個人平靜與世界和平所想要執行的解決方法，都只是概念。她不發一語，一步一步地帶我進到心中的感受與平靜。

蝴蝶皇后與我們坐在餐桌前，近看就能看見她美麗的雙眼，翅膀像是塗上顏色那樣，有金色、白色、黑色。蝴蝶和我用心電感應和能量流動的方式交談，我們體現了傑西和我所享有的那份深刻喜悅，也進入心的本質，那是雷和我共同享有的關懷和仁慈、感謝和歡樂、哀傷和失望。所有文字慢慢褪去，蝴蝶和我沉入更深層的狀態裡。

我給她一點水和食物，她伸出手臂卻沒有吃，我們仍然神奇地連結著。對於這份連結我感到堅信不移。她在家裡飛的時候，散發出波動的光。傑西和她一起跑來跑去，當她停下來，傑西會親她好幾下，用側臉輕輕地聞聞她，把她當作家人。

蝴蝶和我一起飛到辦公室裡，於是我寫了一封有關她的郵件寄給朋友們。每次我放她出去，她又飛回來，有一次甚至直接飛回我的臉上。她會待在我的手指上、腿上，過一會兒待在我的胸口上。真是一隻美麗的蝴蝶呀！

裝滿恩典的聖杯

這些事情持續地每天發生在所有人的生活裡，只是我們忘記去留意或體驗。如果你坐在室外大概一小時，並且散發感恩，我保證這一定會發生！我形容了一些我們在各情境得到的感動，就像一個聖杯，聖杯裝的瓊漿玉液就是經由難以置信的神祕恩典讓我們體驗到的光明。生命的奇蹟實在很不可思議，我邊寫著這些，邊帶著感激的心情微微顫抖、落淚。還需要什麼呢？一切都時時刻刻在這不可思議的恩典裡。

我丟下最近發生的一些煩惱，那些來自社會上發生了這個、發生了那個的反覆臆測。我開心地把它們丟入垃圾桶。丟棄這些熟悉的煩惱讓我感到有一點孤獨，我的心一下感到有點傷痛，一下又覺得很幸福。在這些感覺裡來回，我笑了。

感謝美麗的讀者們閱讀這些信息，當它們被閱讀時，我感到有如內在細雨的光芒穿透我全身。

愛永無止盡

圍繞身旁的動物與昆蟲朋友

人類啊，要信任你自己。去聆聽動物們的啟示，這些啟示是你們自己的，它們無止盡地在你細胞裡跳舞，在你心裡唱歌，在你耳裡竊竊私語……

我從加州的索奎爾僻靜中心（Soquel Retreat Haven）開車下山時，紅尾鵟朝我的車子飛來，引導我用心去編織實相裡的喜悅和愛。正當我不確定他是不是要過來跟我說話時，他往回飛，直接停在我視線所及的電線上頭。

「親愛的老鷹，親愛的老鷹。」他看著我，我這麼對他說。接著有一股超越文字的信念將我占據，並且成為了我。

人類啊，要信任你自己。去聆聽動物們的啟示，這些啟示是你們自己的，它們無止盡地在你細胞裡跳舞，在你心裡唱歌，在你耳裡竊竊私語。

永不離開的愛

搬離隱密山谷住處的時機意外來到，我很不想和動物、昆蟲朋友們分開。我的蜘蛛朋友傑森．傑森娜每天在階梯上迎接我，我跟她說我們要搬家了。第二天她在自己的蜘蛛網裡，我叫她的時候，她沒有身體卻很開心地活著，旋轉並散發光芒，她說她還會再回來的。

幾年以後，我坐在我們美麗、有如聖地般的新家冥想，一張如同指甲那麼小的蜘蛛網突然落在我手掌上，我抬頭往上看，看到一隻蜘蛛來找我。我在胸口感受到一抹微笑，那就是我的朋友，是永不止息的愛。

我們搬離之前沒多久，烏鴉朋友們說：「我們會跟妳一起走。」我以為他們只是用隱喻的方式說著什麼。殊不知當我們抵達新家，我去散步，兩隻烏鴉在天上盤旋，就為了要飛到我這裡看看我。我有點困惑，因為他們並不是我的朋友。

過了幾星期，有一天我抬頭往上看到來自隱密山谷的烏鴉朋友們來到我們新家，他們就是當初在隱密山谷時，每天跟我打招呼的烏鴉。有一隻嘎嘎叫著，另外三隻飛到我頭上要讓我知道就是他們，因為以前他們就是這麼做的。他們在詢問其他烏鴉後，得知我們的行蹤。那天晚上，一隻貓頭鷹仔細看著我，最後飛過我的頭，往天空飛去，將我的心一起帶到無條件的愛裡。

致謝

感謝我的愛，善良又可愛的雷（Ray），謝謝你傳遞了感恩、和平、愛與無條件的支持。

感謝我摯愛的貓科靈性導師，是我的兒子也是朋友——傑西·賈斯丁·喬伊（Jessie Justin Joy），謝謝你是喜悅、和平、光和愛的指標。

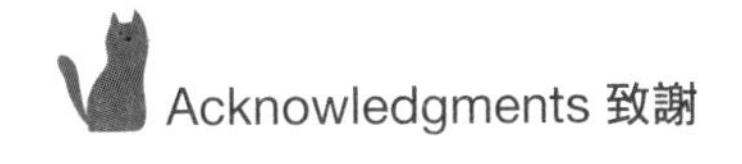

Acknowledgments 致謝

當愛來臨時：我與我的貓老師

The Cat's Reincarnation: Transformative Encounters with Animals

作者 Dr. Laurie Moore
譯者 劉怡德
編輯 黃勻薔
校對 黃勻薔、劉怡德
美術設計 劉庭安

發行人 程顯灝
總編輯 呂增娣
主編 徐詩淵
編輯 吳雅芳、黃勻薔
簡語謙
美術主編 劉錦堂
美術編輯 吳靖玟、劉庭安
行銷總監 呂增慧
資深行銷 吳孟蓉
行銷企劃 羅詠馨

發行部 侯莉莉
財務部 許麗娟、陳美齡
印務 許丁財
出版者 四塊玉文創有限公司

總代理 三友圖書有限公司
地址 一〇六台北市安和路二段二一三號四樓
電話 (02) 2377-4155
傳真 (02) 2377-4355
E-mail service@sanyau.com.tw
郵政劃撥 05844889 三友圖書有限公司

總經銷 大和書報圖書股份有限公司
地址 新北市新莊區五工五路二號
電話 (02) 8990-2588
傳真 (02) 2299-7900

製版印刷 卡樂彩色製版印刷有限公司

初版 二〇二〇年三月
定價 新台幣三六〇元
ISBN 978-986-5510-06-0（平裝）

國家圖書館出版品預行編目(CIP)資料

當愛來臨時：我與我的貓老師 / Laurie Moore 作；劉怡德譯. -- 初版. -- 臺北市：四塊玉文創, 2020.03
面； 公分

譯自：The cat's reincarnation
ISBN 978-986-5510-06-0(平裝)

1.貓 2.寵物飼養 3.文集

437.364 109001395

貓派生活

貓，請多指教 3：用最喵的方式愛你
作者：Jozy、春花媽 / 繪者：Jozy
定價：290 元

為什麼貓兒總是不喝水？為什麼時常尿尿在床上？如何搞懂貓咪的心思與需求？該怎麼解讀喵星人的一舉一動？愛他就要先瞭解他……透過超萌有趣的四格漫畫，動人心弦的互動故事，分享寶貝們的心事，讓你用更體貼的方式愛他們。

貓，請多指教 2：每一聲喵都是愛
作者：Jozy、春花媽
定價：230 元

等著你回家的每一個傍晚，在你身上來回的每一下踩踏，期待你餵食的每一聲呼喚……你的人生與他的貓生，如此美好且溫暖。透過可愛又迷人的漫畫，一起進入動物溝通師春花媽與貓兒的故事中，想起你家最寶貝的毛孩們。

貓，請多指教 1：今天就是我們相愛的開始
作者：Jozy、春花媽
定價：250 元

還記得怎麼跟你家毛孩相遇的嗎？在領養所內一見鍾情？在中途媽媽懷中被萌樣擊倒？在回家途中的意外相逢？讓我們透過萌度破表的可愛漫畫，一起進入動物溝通師春花媽與毛孩們的故事中，體會那些與貓兒們相處的爆笑與溫暖。

幸福的重量，跟一隻貓差不多：我們攜手的每一步，都是美好的腳印
作者：帕子媽
定價：320 元

原本只是等場電影，卻意外等來了一隻貓，從此開啟了有貓的人生。在餵養一隻被棄養的老狗後，便再也放不下，再也離不開。這是一本動人的散文集，這是一本感人的故事書，更是帕子媽寫給毛孩子的情書。書裡有愛有情有淚，有遺憾，有美好，每個故事，都留下了美好的腳印。

地址：　　　縣/市　　　鄉/鎮/市/區　　　路/街

段　　巷　　弄　　號　　樓

廣　告　回　函
台北郵局登記證
台北廣字第2780 號

三友圖書有限公司 收

SANYAU PUBLISHING CO., LTD.

106　台北市安和路2段213號4樓

「填妥本回函，寄回本社」，
即可免費獲得好好刊。

\ 粉絲招募歡迎加入 /

臉書／痞客邦搜尋

「四塊玉文創／橘子文化／食為天文創
三友圖書——微胖男女編輯社」

加入將優先得到出版社提供的相關
優惠、新書活動等好康訊息。

四塊玉文創×橘子文化×食為天文創×旗林文化

http://www.ju-zi.com.tw

https://www.facebook.com/comehomelife

親愛的讀者：

感謝您購買《當愛來臨時：我與我的貓老師》一書，為感謝您對本書的支持與愛護，只要填妥本回函，並寄回本社，即可成為三友圖書會員，將定期提供新書資訊及各種優惠給您。

姓名 ______________ 出生年月日 ______________

電話 ______________ E-mail ______________

通訊地址 ______________

臉書帳號 ______________

部落格名稱 ______________

1 年齡

□18歲以下　□19歲～25歲　□26歲～35歲　□36歲～45歲　□46歲～55歲
□56歲～65歲　□66歲～75歲　□76歲～85歲　□86歲以上

2 職業

□軍公教　□工　□商　□自由業　□服務業　□農林漁牧業　□家管　□學生
□其他 ______________

3 您從何處購得本書？

□博客來　□金石堂網書　□讀冊　□誠品網書　□其他 ______________
□實體書店 ______________

4 您從何處得知本書？

□博客來　□金石堂網書　□讀冊　□誠品網書　□其他 ______________
□實體書店 ______________ □FB（四塊玉文創／橘子文化／食為天文創 三友圖書——微胖男女編輯社）
□好好刊（雙月刊）　□朋友推薦　□廣播媒體

5 您購買本書的因素有哪些？（可複選）

□作者　□內容　□圖片　□版面編排　□其他 ______________

6 您覺得本書的封面設計如何？

□非常滿意　□滿意　□普通　□很差　□其他 ______________

7 非常感謝您購買此書，您還對哪些主題有興趣？（可複選）

□中西食譜　□點心烘焙　□飲品類　□旅遊　□養生保健　□瘦身美妝　□手作　□寵物
□商業理財　□心靈療癒　□小說　□其他 ______________

8 您每個月的購書預算為多少金額？

□1,000元以下　□1,001～2,000元　□2,001～3,000元　□3,001～4,000元
□4,001～5,000元　□5,001元以上

9 若出版的書籍搭配贈品活動，您比較喜歡哪一類型的贈品？（可選2種）

□食品調味類　□鍋具類　□家電用品類　□書籍類　□生活用品類　□DIY手作類
□交通票券類　□展演活動票券類　□其他 ______________

10 您認為本書尚需改進之處？以及對我們的意見？

____

感謝您的填寫，

您寶貴的建議是我們進步的動力！

【黏貼處】對折後寄回，謝謝。